スーさんの「ガリガリ君」ヒット術

鈴木政次
赤城乳業 監査役

WANIBOOKS

「今度こそは、行けそうだ！」
と思っているのに、
開発した商品は、なぜか鳴かず飛ばず。
なんとかして、
「一発当てたい」と考えている
商品開発や企画担当のみなさん。

一生懸命にやっても成果が出ず、
最近は仕事に
行き詰まりを感じてばかり。
なんとかして、
「突破口を見つけたい」と焦っている
すべてのビジネスパーソン。

社会に出るのが不安でしかたない。
なんとかして、
「不安を払拭したい」と考えている
高校生、大学生のみなさん。

「なんとかしたい」のに、
これまでできなかったのは、
理由があるはずです。

その理由とは……

「本質」が
わかっていないから、
です。

「本質」とは、
「あるべき姿」と言い換えてもいい。
「仕事の本質」や
「ヒット商品の本質」がわかると、
仕事がやりやすくなります。

しかも、「本質」は普遍的ですから、
一度わかると、仕事のみならず、
生活のさまざまな場面で
応用もできるでしょう。

「本質」といっても、
難しいことは何ひとつありません。
たとえば、「ヒット商品の本質」のひとつ、
ネーミングの基本は、
「商品名は7文字以内にする」。

ほら、とてもカンタンでしょう？

さぁ、みなさんも、
仕事やヒット商品の「本質」を知り、
「なんとかしたい」を
「なんとかできた！」に
変えていきましょう！

はじめに

仕事で悩むすべてのビジネスパーソンに、勇気を持ってもらいたい。

生みの苦しみを感じている商品開発の担当者に、少しでもヒントを与えたい。

将来、モノ作りを目指す若い人に、売れるモノをどう作るのか、知ってもらいたい。

やがて社会に出る高校生や大学生に、社会に出る前の心構えを伝えたい。


そんな思いにかられ、私の経験が少しでもお役に立てられればと思い、筆を執ることにしました。


申し遅れましたが、私の名前は鈴木政次。赤城乳業株式会社（以下、赤城乳業）という会社の監査役をしています。

会社では「鬼のスーさん」で知られています（笑）。仕事に対しては、妥協せず、厳しく向き合っているからでしょう。

あるいは、「『ガリガリ君』の開発者、育ての親」と呼ぶ人もいます。

たしかに、私は『ガリガリ君』の商品開発に初期から携わり、たくさん売れるように育てもしました。ですが、今や多くの人が『ガリガリ君』の製造に関わっていますから、私だけではなく、赤城乳業の社員みんなで開発している商品、だと思っています。

私が大学を卒業して働き始めたのは、1970年。世の中は高度成長期を迎えていました。新卒で入ったのが、赤城乳業でした。

赤城乳業は、埼玉県深谷市に本社があります。冷菓（＝アイス）の製造を開始したのは、1949年。当時の井上栄一社長（故人）は、「味覚の天才」といわれ、1964年に、『赤城しぐれ』というかき氷のアイスを製造販売し、これが大ヒットしました。

その6年後に私が入社することになるのですが、当時の赤城乳業は、『赤城しぐれ』を商品の柱とし、年間の売上が20数億円規模の会社でした。ヒット商品はあるものの、いわゆる中小企業です。私は、大企業に入って、端（はじ）っこで頑張るより、小さな会社に入ってトップを目指しながら、会社を大きくすることに貢献したいと考えていました。

赤城乳業に入った私は、微力ながら一生懸命に働いて、ヒット商品を生み出し、「赤城乳業を年間売上500億円規模の会社にする」という夢を持ちました。

ですが、現実は厳しく、多くの苦労が待っていました。

入社1年目に配属されたのは、商品開発部。以来、長い間、アイスの新商品の開発を手がけることになります。

コーヒーを固めた『ブラジル』というアイスに、チョコアイスの『BLACKEY』(『BLACK』の前身)、みかんを固めた『みかんチョ』(『ガツン、とみかん』の前身)……。アイデアをどんどんアイスにしました。

でも、なかなか大ヒット商品を開発することはできませんでした。むしろ、私が作ったアイスの9割以上は、ほとんど売れない失敗作。

上司には、怒られっぱなし。試作したアイスがあまりにもおいしくなかったため、当時の井上栄一社長が窓の外に投げ捨ててしまったこともありました。何度も、何度も、落ち込みました。

でも、会社を辞めようと思ったことはありません。気持ちを立て直して、商品を改善すると、上司から褒められたり、それがごくまれにスマッシュヒットにつながることもあったからです。

新商品の開発は、苦しい反面、楽しさもたくさんある。そう思えるようになったのです。

そんな中、オイルショックが起こり、会社が大ピンチになりました。

物価が上がって、材料費が高騰。作っても、作っても、売れれば赤字になるばかり。やむなくアイスの価格を値上げすると、今度は、まったく売れなくなってしまったのです。

工場は開店休業状態。毎朝清掃するだけで、機械はほとんど動いていませんでした。

「赤城乳業はつぶれる。ヤバイ」

私は本気で思いました。１９７９年のことです。

商品開発部のリーダーになっていた私は、このピンチを切り抜けるための新商品作りを命じられました。「『赤城しぐれ』に匹敵するような、会社の柱となる商品を開発しろ」と言われたのです。

そこで考えたのが、片手で食べられるかき氷のアイス『ガリガリ君』でした。

当時、アイス業界では、商品のコンセプトを考えてアイスを作ることは珍しいことでしたが、

- おいしい
- でかい
- 安い
- 当たり付

をコンセプトに『ガリガリ君』開発に取り掛かりました。できあがるまでに2年かかりました。

画期的なアイスでしたが、最初は苦戦しました。販売する場所が少なかったのです。『ガリガリ君』が生まれた当時、お菓子やアイスは、街角の駄菓子屋などの小売店で買うのが一般的でした。お店には、アイスを置く冷凍のアイスストッカーが設置されていましたが、「雪印」「明治」「森永」「ロッテ」といった大手のメーカーが名を連ねており、ほぼ独占状態。

赤城乳業が新たにアイスストッカーを設置する場所はなく、また、その力もありませんでした。しかたなく、他社のアイスストッカーの隅に『ガリガリ君』を置かせてもらっていたのです。置き場所がないわけですから、作っても売れないのは当たり前です。

「この状況を打開しないと、ヤバイ」

私は、当時の専務井上秀樹（現会長。経営の天才で、先見性に優れたすばらしい人です）の指導のもと、徐々に増え始めていたコンビニエンスストア（以下、コンビニ）に販路を見出すことにしました。これが、大成功。『ガリガリ君』の売上本数は10年で3倍、1000万本も売れる商品になりました。

子どもたちのために、値段は上げたくなかったので、価格を抑えても儲けが出るように、工場にアイスの新しい製造設備を入れて、量産体制も整えました。商品は〝時間の缶詰〟だと思います。1時間にどれだけ多く作れるかの勝負でした。

その後も、少しずつパッケージのデザインを変えるなど工夫を重ねてきた結果、2016年現在、『ガリガリ君』は、年間で4億本売れています。

『ガリガリ君』以外にも、赤城乳業でヒット商品といわれる『ガツン、とみかん』や『ワッフルコーン（大手コンビニPB）』などの開発にも関わってきました。

入社から46年。新入社員の時に抱いた、「赤城乳業を年間売上500億円の会社にする」という夢はまもなく叶いそうです。

赤城乳業は小さな会社でしたので、46年の間、私は商品開発のみにとどまらず、製造も、開発営業も、マーケティングも、経理も、組織作りも、総務以外の会社の業務はひと通りやってきました。

長年、会社にいたのですから、いいことばかりではなく、大変なこともたくさんありました。リアルな経験から見えてきたのは、「仕事の本質」です。

「仕事とは何か」
「どういった心構えで取り組めばいいのか」
「どうすれば仕事が楽しくなるのか」

こうした本質的なことは、普遍です。本質がわかっていると、仕事がだいぶ楽になり、長く続けられるようになると思います。「本質」は、仕事をする上で、とても大切なものです。思えば『ガリガリ君』も、「ヒット商品の本質」を押さえたアイスだからこそ、ロングセラーであり続けているのでしょう。

本書では、私の実体験に基づきながら、「仕事の本質」や「ヒット商品の本質」などについてお伝えしていきます。

特に、やがて社会に出る高校生や大学生には、「仕事の本質」について知っておいてほしいと思っています。社会に出ることに対する不安や恐怖感をたくさん持っているかもしれませんが、実際はそう怖いものでもありません。社会に出るとどんなことが起こるのか、あらかじめ知っておくことができれば恐れることはありません。

もし、やかんが熱いと知っていれば、たとえ触っても、すぐに手を引っ込める準備ができているから、やけどをしないものです。

せっかく会社に入ったのに、「こんなはずじゃなかった」と苦労して、傷ついて、会社に行けなくなったり、うつ状態になったりなど、してほしくありません。

本書で心の準備をしておいてほしい。

苦しい時には「赤城乳業のスーさんが、仕事のこと書いてたな」と本書を取り出して読んでもらえたら、うれしいです。

仕事で悩むすべてのビジネスパーソンには、「壁にぶつかった時、どうすればいいのか」「部下として、上司として、どうあるべきか」などについてヒントを提示していきたいと思います。勇気を持って仕事に取り組み、仕事を、人生を、楽しんでほしい。

生みの苦しみを感じている商品開発の担当者には、私が商品開発の現場で、考え、実践してきたことをあますことなくお伝えします。実体験に基づき、すでに検証も済んでいることばかりですので、きっと、役に立てていただけると思います。コツさえわかっていれば、ヒット商品も生まれやすくなります。

私の経験が、少しでもみなさんの役に立ち、「仕事って楽しそうだ」「前向きに仕事ができるようになった」「ヒット商品の作り方がわかった」と思っていただければ、これ以上うれしいことはありません。

ひとりでも多くの方が、本書によって笑顔になるように祈っています。

「赤城乳業のスーさん」こと　鈴木政次

スーさんの
「ガリガリ君」ヒット術、
はじまるよ～！

スーさんの「ガリガリ君」ヒット術──目次

第1章　自分らしく働く

CONTENTS

第2章 ヒット商品の本質

CONTENTS

第3章 仕事を楽しくする極意

CONTENTS

第4章 どんな時も折れない心の持ち方

CONTENTS

第5章 真のリーダーといわれるための心構え

CONTENTS

第1章 自分らしく働く

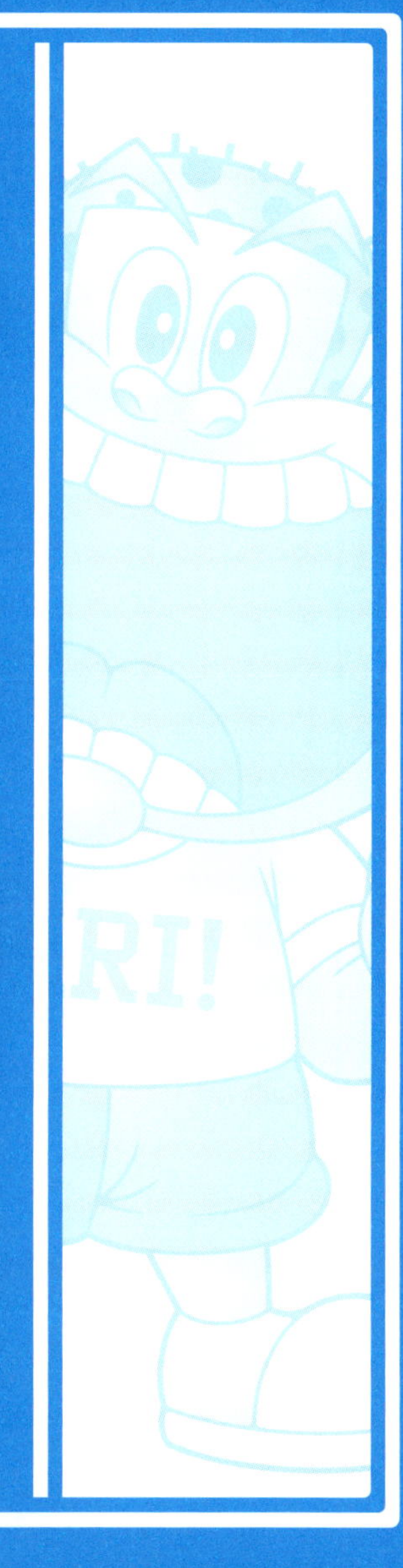

1

理不尽な評価はいちいち気にしない。必死にやったのであれば、胸を張れ

社会に出ると、上司から「予想外の」あるいは「理不尽な」ひどい評価を受けることがあります。これは、どんな会社にも当たり前にあることなのです。このことをよく覚えておいてください。

当たり前のことだと知っておけば、深く傷つかずにすみます。

人は、子ども時代からずっと、他人からの評価にさらされます。

小学校時代、通信簿をつけるのは、「自分」ではなくて「先生」。つまり他人です。中学、高校、大学までずっと同様です。さらに、共通しているのは、学生時代の評価は、割と納得できることが多いという点です。

国語のテストで0点を取ったら、通信簿の評価が「1」だった。「まあ、仕方ないな」となんとなく合点がいく。100点満点中100点を取ったから、通信簿の評価は「5」だった。「やっぱりね、徹夜で勉強をした甲斐があった」と胸を張れる。

100点を取ったのに、評価は「1」だった、ということは、出席日数が足りないなど特別な場合を除いては、基本的にはないでしょう。

ところが、社会に出ると変わります。学生時代には想像もできなかったことが起きます。自分は「100%うまくやった」と思い、上司も「よくやったな」と褒めてくれたのに、あとになって「なぜ、あんなことをやったんだ!」と怒られることがあります。

たとえば、かつて原油価格が右肩上がりの時代に次のようなことがありました。需要が多く、入手困難を極めていた時期に、知り合いのある商社マンがコネクションを使って、何とか大量に原油を購入する契約を結ぶことができました。

この時、会社側は「よくやった!」と褒め、高く評価してくれたそうです。

ところが、翌年、原油価格が暴落。会社としては、契約した当時の価格で原油を買わなくてはなりませんから、大きな負担になります。そのため、「なぜ、契約したんだ!」と責任を追及してきました。当人からすれば、「手の平返し」の仕打ちです。

原油価格が暴落したのは、その商社マンのせいではないし、普通に考えれば、おかしな話です。ですが、こうしたことは、社会に出るとごくごく普通に起こります。

しかも、「私のせいではありません」と言ったところで、聞き入れられず、そのまま評価に直結してしまいます。もちろん、低い評価です。

社会にはそういう面があります。

経験がなく、まだ、社会についての知識が浅い若手社員の場合、このようなケースに直面すると、「理不尽じゃないか」と腹を立てたり、「自分はダメだ」と落ち込んだりして、なかなか立ち直れないでしょう。

しかし、腹を立てたり、落ち込み続けたところで、何にもなりません。

では、どうすればいいいか。

2つの角度から思考することです。まずは、「誰のために働いているのか」を考えてみる。「親」のためでしょうか。それとも、「会社」や「上司」のためでしょうか。

人によって、考え方は違うかもしれませんが、基本的に**「働くのは自分のため」だと考えたほうがいいでしょう。**自分のためなのですから、仕事上で直面したあらゆることを、自分の糧としてとらえます。そして、会社は他人が自分を評価するところであり、それは、自分ではどうにもできないことだ、と割り切ることが大切です。

もし、社会に出て自分で自分を評価したいと思うのなら、会社を興すしかありません。

もうひとつは、「自分として満足いく仕事ができたのかどうか」を考えてみること。一生懸命仕事に食らいついて、自分として満足しているのなら、胸を張っていましょう。

ただし、自分で自分を評価する時に気をつけてほしいことがあります。

「うぬぼれない」ことです。

うぬぼれると、人は努力を怠ります。努力を怠ると、成長が止まります。すると**人生の面白みがなくなります。**昨日より今日、今日より明日、ほんの少しでも成長を実感するところに人生の楽しさはあります。


働き始めた頃、私はまだ青くて、生意気でしたので、仕事をしている同年代の人を見て、「私がいちばん先頭を走っている」と思い込んでいました。入社2年目、ちょうど『BLACKEY』(現在の『BLACK』の前身)を作っていた頃です。

若くして新商品開発を任された私は、誰よりも仕事ができると思っていました。ところが、ある時、「自分と同じレベルの仕事をしているな」と思う人が現れました。よくよく仕事の内容を聞いてみると、自分より難しい仕事を任されていて、実ははるか先を走っていることがわかりました。

私はうぬぼれ、油断をし、自分よりも先に人がいるとは思ってもみなかったのです。アイデアが出なくなったのはこの頃でした。

もし、会社で仕事をしている時に、「この人は、自分と同じくらい仕事ができるな」と思ったら、「いや、この人より自分のほうが能力は下だ」と考え直すことです。もし、「この人は、自分もよりも少し仕事ができるな」と思ったら、「自分より、はるかに能力が高いな」と考え直すことです。そうすれば、「自分は仕事ができるのかも」という勘違いを防ぎ、自分を甘やかさずにすみます。

いい意味でも、悪い意味でも、意外とわからないのは、自分自身のことです。長い間仕事をしていると、ある時、とんでもない斬新な発想をしている自分を発見して、自分自身に驚くことがあります。それが、いい仕事へとつながります。

周囲の評価を気にせず、うぬぼれず、一途に仕事をしていると、いつか**「とんでもない斬新な発想をしている自分」と出会える**のです。

私にとってそれは、**『ガリガリ君』の色を「地球色」にしようと思い立ったこと**でした。みんなに愛される色は何か。そう考えた時、地球のイメージが浮かんできました。地球で印象的なのは、やはり空と海、スカイブルーと紺碧の海の色です。そうして今では〝ガリガリブルー〟とも呼ばれている青い色に決めました。

これも、周囲の評価を気にせず、うぬぼれず、一途に考えた結果だと思っています。

2

笑顔で「YES」、心で「BUT」が社会や会社になじむ近道

社会に出て非常に役立つ処世術に「YES、BUTの精神」があります。この処世術をうまく使うと、人間関係は思いのほかスムーズになり、仕事もしやすくなります。とても便利ですので覚えておいてください。

おすすめの使い方は大きく分けて2つあります。

ひとつは新入社員向け。

脅かすわけではありませんが、社会に出ると途端に「自分とは考えが違う」と感じる瞬間が増えます。上司は「Aが正しい」と言うが、自分は「Bが正しい」と思う。こういったシーンにたびたび直面するようになります。この時に、「YES、BUTの精神」を使うのです。

つまり、上司に対してはとりあえず、**「はい（YES）、わかりました」**と答えておき、心の中で**「でも（BUT）、あなたの言っていることは断じて違っていると思う」**とつぶやいて、ことを収めるのです。

社会に出ると、なぜ、「自分とは考え方が違う」と感じる瞬間が多くなるのでしょうか。

理由は、学生時代と違って、価値基準の異なる、幅広い世代とコミュニケーションを取らなければならないからです。

上層部を占めるのは50代60代、中堅の管理職は30代40代で、直属の上司や先輩は20代という会社がほとんどでしょう。

顧客の年代もさまざまです。「世代間ギャップ」という言葉を耳にしたことがあるかもしれませんが、実際、世代によって価値観にはかなりの差が出ます。

たとえば、バブル時代に青春時代を過ごした世代は、「ブランド志向が強い」とか、景気が低迷したバブル期以降に青春期を過ごした世代は、「仕事よりプライベートを優先する傾向がある」など、世代によって特徴がありますし、個人によっても価値観は異なります。

きちんと今の世の中に合った基準で物を言う人もいれば、昔の基準で話をする人もいます。人によっては、**自分の価値観を押し付けてくる人もいます。**

基本的には、いろいろな価値観を持っている人がいる、と考えて間違いありません。

その中で、大学を出たばかりの新入社員が「いや、自分はそうは思いません」と主張していては角が立ち、話が先に進みません。そもそも会社や仕事そのものがよくわかっていない時期ですから、まずは、相手の価値観について学ばせてもらう姿勢が大切です。

先ほども言ったように、「違う」と思っても、「はい、わかりました」と言いながら、心の中で、「正しいのは私だ」と思っていればよいでしょう。それによって、**自信をなくさずに済みますし、理不尽さに耐えることもできます。**


ただ、入社後、1、2年経ち、ある程度、会社の様子や仕事の内容がわかってきたら、今度は自分の意見をきちんと言うことが求められます。

赤城乳業では、年齢や肩書を超えて、何でも自由に「言える」関係を大切にしています。

前社長の井上秀樹は、風通しのよいオープンな雰囲気の中、自由になんでも言えることが、組織の活性化につながるという信念を持っていました。そこで、「言える化」という言葉を生み出し、組織作りの中で実践しているのです。


役付きの社員に対しても、上司に対しても、自由に発言できる社風そのものが、ひとつの原動力となり、新しい商品がどんどん生まれているのです。

たとえば、**『ガリガリ君リッチ　コーンポタージュ』**（通称「コンポタ」）。

２０１２年9月4日に発売になると、「レンジでチンして飲むとおいしい」など、ソーシャルメディアで話題になり、爆発的に売れました。予想外に売れ過ぎて製造が追いつかず、3日で発売休止になったほどです。

この商品開発を手掛けたのは、入社2年目の若手社員でした。

「スープ味のアイス」という奇抜なアイデアに、社内からは「ちょっと冒険しすぎなのではないか」という意見が出たり、味見の段階で「味が新しすぎる」といった声も上がりました。しかし、「コーンポタージュ味のアイスはいけるんじゃないか」という若手社員の強い思いがあり、当時の井上秀樹社長の**「普通のものはたいして売れない」**という信念の後押しもあって、販売に至ったのです。

新入社員のうちは素直に先輩の意見を「ＹＥＳ」と聞きながら、2、3年後は、きちんと自分の意見を言えるようにしておきましょう。

「ＹＥＳ、ＢＵＴの精神」の2つ目の使い方は少し上級編です。相手を傷つけずに、自分の意見を伝えていく時に役立ちます。

私は講演で日本全国を回っていますが、質疑応答の時間に「私は『ガリガリ君』の○○

味が大嫌い。なぜ、あんな商品を作ったのですか」という質問をいただいたことがあります。

そこで、もし、私が「いえいえ、あなたはそう言うけれど、〇〇味はよく売れているし、おいしいですよ」と頭ごなしに相手を否定しては、質問してくださった方も気分を悪くしますし、場の雰囲気も重くなります。

答え方として、「そうですね（YES）。たしかに、お客様によっては『この味、苦手』っていう方がいらっしゃる。ただ（BUT）、一方では、大好きとおっしゃる方もいるんですよ」といえば、**相手は受け入れられたと思って顔が立つし、場の雰囲気も悪くならない。**自分の言いたいこともうまく伝えられるわけです。

「YES、BUTの精神」を身に付けておくと、社会でのコミュニケーションがうまくいくでしょう。

3

愚痴はどんどんこぼしていい。
頭が切り替わり
新しいアイデアが湧いてくる

「今日、部長に怒鳴られちゃってさ」
「営業に行ったら、門前払い。まいったよ」
帰宅途中に、赤ちょうちんで仕事の愚痴をこぼしているビジネスパーソンに対して、どんな思いを持っていますか。まだ、社会に慣れていない若い人は、あまり快く思わないかもしれません。でも、社会に出たら、愚痴はためずにどんどん言ったほうがいい。**頭が切り替わり、新しいアイデアが湧いてくる**からです。

今、私は講演のため日本全国を回っており、講演終了後は、必ず、アンケートを書いていただいています。ありがたいことに、「ためになった」「おもしろかった」という評価をいただくことが多いのですが、ごくまれに否定的な意見を書かれる方もいらっしゃいます。もちろん、どんな意見も真摯（しんし）に受け止めるよう努め、次の講演に生かすようにしています。しかし、心にグサッと突き刺さるような意見もある。私も人間ですから、そんな時は落ち込みます。

でも、だからといって、誰かに八つ当たりしたり、聞きに来てくださったお客様に対して怒ることはもちろんありません。行き場のない気持ちは、いったん腹にため、心を許せる人に会った時に、愚痴としてこぼすようにしています。

現在の私の場合は、「家族」に愚痴を聞いてもらっています。

落胆した気持ちや怒りは、時間が経つと消化して、外に排泄されるようになっています。時間の長さは人によって異なるでしょう。

少しでも早く、排泄してしまいたいのなら、誰かに話してしまうのがいちばんです。自分の中にため込んでおかない。

物を食べたあと、体を動かしたりして運動すると、きちんと消化して、栄養分は体内に取り込み、いらないものは外に排出されます。同様に、体の中に入った落ち込んだ気持ちや怒りも、「人に話す」「愚痴をこぼす」という運動によって、きちんと排泄ができます。

しかも、できごとを話すことで、**「あの時は、落胆したけれど、勉強になった部分もあるな」と気づきも生まれる。**その気づきは栄養分（＝学び）として、自分の中に蓄積され、次に同じ場面があった時に、生かすことができます。

「愚痴をこぼす」のは、いけないことではなく、気持ちをすっきりさせる消化酵素のようなものなのかもしれません。

落胆した気持ちや怒りを腹にためておくと、体によくありませんし、それらが**いつまでも頭の中を占めていると、新しい考えが生まれてくる余地がありません。**

私は、若い頃から、落ちこんだり、憤慨したりすると、同僚や先輩に愚痴をこぼしていました。すると、すっきりして、新しい力がみなぎってくるのを感じました。

普段から、落ち込んだ気持ちや怒りをためないように、しょっちゅう同僚や後輩と食事をしたり、飲みに行ったり、あるいは麻雀（マージャン）をして遊んだりもしていました。

今思うと、遊ぶことで気持ちを切り替え、ストレスを一掃していたのでしょう。

だからこそ、いつまでも落ち込まずに、『ガリガリ君』をはじめ、次々と新しい商品開発に挑戦することができたのかもしれません。

4

「時間」と「約束」は必ず守る。基本を遵守することで社員の評価は決まる

若い時は、人生にはいくらでも時間があると思っていました。

ところが、年を重ねてくると、時間の少なさに愕然とします。人生が80年あるとして、一生はたったの3万日程度。1日に8時間眠っている人の場合、活動しているのは約2万日ということになります。時間にして約48万時間。平均的な人で、それだけしか時間がありません。人生の時間は驚くほど限られています。

人が一度失ったら元に戻すことのできないものは、「命」と「時間」です。

だから、**命と同じように時間を大切にしなくてはなりません。**自分の時間はもちろん、他人の時間も無駄にしてはいけないのです。

そのために、人との約束の時間は必ず守ること。人との約束の時間に遅れるのは、相手の時間を無駄にすることと同じです。つまり、相手の有限の時間を奪うことであり、もっといえば、**相手の命を削り取ってしまうのと同じ**です。

自分で自分の時間を無駄にした場合は、仕方がないとあきらめられるでしょう。でも、相手のなくした時間を弁償することはできません。

だから、1秒でも、1分でも、遅れてはいけません。

世の中のルールは、すべて時間で動いています。会社の仕事はすべて時間で管理されていると言っていいでしょう。

自分が少しくらい遅れても大勢に影響はないだろうと、考える人もいるかもしれません。ですが、どんな仕事も会社では影響し合っていますので、スケジュール通りに進めないと仕事に滞りができてしまい、迷惑をかけることになります。

10人が出席する会議に、自分ひとりが5分遅れたとすると、9人×5分で45分もの人の時間を奪うことになります。

アイスの製造に関していえば、9月に発売するアイスがあれば、長い時はその数年前から企画を立て、材料を仕入れたり、工場のレーンを確保したり、梱包材を決めたりします。どこか一か所でも滞れば、社内はもちろん、アイスを置いてくださるお店や、発売を楽しみにしてくれているお客様にも迷惑がかかります。その数は計り知れません。

他人の時間に対してルーズな人は、人が離れてしまい、多くの場合、仕事がうまくいきません。1990年頃、私はよく取引先を回って商品の提案をしていました。いわゆる商談です。商談に行くと、よく待たされました。いちばん待たされたのは6時間ほど。

ある取引先の役付きの方に「朝9時に会うから来てください」と言われ、伺ったところ、ずっと待たされて、お会いできたのは午後3時を回った頃だったのです。

この役付きの方はいつのまにか業界からいなくなってしまいました。時間にルーズなことが原因かどうかはわかりませんが、私は大きな原因のひとつだと思っています。


会社に入ると、販売する部署、つまり「売る側」がある一方で、何かを仕入れたりする「買う側」の部署もあります。「買う側」の部署になると、人はつい勘違いしてしまい、「買ってやるんだから」といばってしまう傾向があります。だから、取引会社に対して、高圧的になって、待たせてもいいという態度になってしまうのです。

でも、これは大きな間違いです。**買う側も売る側もフィフティ、フィフティ**です。

赤城乳業でいえば、たとえば、ダンボールの会社と取引があります。『ガリガリ君』を入れるダンボールを作ってくれています。ダンボールひとつを作るにも高い技術が必要で、赤城乳業にその技術はありません。ダンボールがなければ、運べませんから、『ガリガリ君』を売ることはできないのです。

自分のところにない技術を持っている会社を敬い、大切にしなければビジネスは成り立ちません。その打ち合わせに遅れたりするのは、もってのほかだと思います。

こちらが相手を敬うと、相手にもこちらの気持ちが伝わり、ダンボールの会社は、『ガリガリ君』のための最良のダンボールを作ってくれるようになります。


最近はGoogleマップや簡易カーナビなど、地図やナビ系アプリが充実し、非常に便利になりました。行く先までの最短ルートや所要時間が出るので重宝しています。

細かく時間を教えてくれるので、所要時間「1時間」の場合、1時間前に出てしまう人がいます。ですが、おすすめできません。いくら地図やナビ機能が発達しようとも、車の渋滞や電車の遅延は、昔と変わらずにありますし、渋滞解消や通常運行するまでにどれだけの時間がかかるか、読むのはなかなか難しいものです。

ですから、**「時間に余裕をもって出る」のが基本**です。私は、今、講演を行っていますが、遅刻すると、大変多くの人の時間を奪うことになってしまいますので、かなり余裕をもって家を出るようにしています。

仕事のできる人は、だいたい誰よりも早く待ち合わせ場所にきていて、遅れることはほとんどありません。

万一、遅れる場合には、早めに連絡を入れることです。早めに連絡を入れておけば、相手も、「1時間あるから、ほかの仕事をやってしまおう」など、時間を有効に使うことができます。社会人であるならば、

「アポイントメントがある時は余裕をもって出る」
「万一、遅れる場合は早めに相手に連絡をする」

を徹底しましょう。

会社の遅刻や無断欠勤も、決してしてはいけないことです。会社でときどき見かけるのは会社の飲み会や、社員同士の飲み会で深酒をし、二日酔いになって翌日会社に遅刻するケースです。これはだらしがない。

私もよく午前3時くらいまで飲んでいましたが、必ず、出社時間の8時には会社に行きました。前社長もそうでした。**一緒に夜中まで飲んでも、出社時間のかなり前に席についていました。**前夜一緒に飲んでいて、翌日二日酔いで遅刻するような社員がいると、本気で怒っていました。

時間だけでなく、約束を守ることも大切です。

契約を交わしたら契約を遂行する。「100本納品すると言ったら、必ず納品する」。守れなければ、注文が来なくなってしまいます。


守れない約束ならば、最初からしないことです。


守れない約束をしてしまうのは、お酒の席です。

酔いが回った勢いで、調子のいいことを言って、守れない口約束をしてしまいます。

私もお酒が好きですし、取引相手とお酒の席をご一緒する機会があります。そういう席では趣味の話になりがちで「今度、ゴルフに行こう」という話が持ち上がります。

私はお酒の席での約束は、忘れないようにメモを取ることにしています。自分は必ず、覚えておきます。「どんな約束でも守りたい」と思うからです。

ただし、相手が忘れた場合は、責めたりしません。

「この間、こうおっしゃっていましたけれど、どうしますか？」と軽く確認して、「えっ、そんなこと言ったっけ、覚えていないな」と言われたら、「じゃあ、キャンセルしておきますね」と言って済ませます。お酒の席でのことで、いちいち角を突き合わせていると、仕事は決してうまくはいきませんから。

約束は、自分が思っている以上に、相手が期待している場合もあります。「今度、おごるよ」と言われたら、「いつおごってくれるんだろう」と期待するでしょうし、「今度、お前を課長にしてやる」と部下に言ったのなら、自分が言った10倍以上に期待している可能性があります。**言った以上は、果たしてあげないといけません。**

時間や約束を守るのは、社会人としての基本中の基本です。

「基本は徹底して守る」こと。

基本が崩れると、組織としての力も、弱くなってしまいます。会社に勤めるということは、組織の一員となることであり、組織の力にならなければ、意味がありません。逆に**しっかりと基本が守れることで、社員としての評価も高まる**のです。基本はしっかりと守るようにしましょう。

5

時代を読み、変化していくことが社会で長く生き抜くコツ

社会でできるだけ長く生き残るために大切なことは何でしょう？

答えは「変化に対応すること」です。

ダーウィンは、著書『種の起源』の中で、「生き残ることのできる生物の種族は、最も力の強い種族ではなく、環境の変化に対応できる種族である」という考えを示したといわれます。

社会においても、長く続いている商品を見ると、基本的な価値をしっかり保ちながら変化に対応し、進化を続けています。

45年前に生まれ、世界で累計販売食が400億食を達成した「カップヌードルブランド」。ある時は具材を増やしたり、カップを紙にしてエコ化したりして進化を遂げてきました。

1914年に長野県軽井沢に開業した温泉旅館は、「星野リゾート」として日本各地に新しいタイプの宿泊施設を次々と展開しています。

『ガリガリ君』も時代と共に進化しています。

キャラクターを見直したり、時代に合わせて味を少しずつ変えたりしています。発売を開始した当初は、甘いものが好まれていました。しかし、少しずつ人の嗜好が甘さを抑える方向に変わってきているため、『ガリガリ君』も少しずつ甘味を抑えたり、味を薄くしたりして、今はさっぱりとした甘さになっています。

アイスの硬度も変えてきました。『ガリガリ君』は、アイスキャンディの薄い膜（シェル）を作り、中にかき氷の粒が入っているのが特徴ですが、初期の頃よりも、氷の粒を小さくしています。柔らかい食べ物を求める嗜好が強くなっているためです。また、着色料も、現在は天然着色料を使うようになっています。

さらに、シリーズ化され、2か月おきに新製品（新フレーバー）を販売しています。

『ガリガリ君』は、時代に合わせて常に変化を続けてきたからこそ、今に続いているといえるでしょう。

なぜ、進化しなくてはいけないのでしょうか。わかりやすい答えは、ダーウィンが提示したように、自然を見ればわかります。

地球環境はどんどん変わっています。環境が変わったことで生物は進化してきたのです。

地球環境が変わると、モノの価値も変わります。今、日本では、ガソリンよりも水道水のほうが断然安いですが、地球の砂漠化が進むと、今度は水が貴重になってくるでしょう。

水を大切にしなければ、人は生きていけなくなります。

生物も人も商品も、日々変わっていく新しい環境に適応していかなければ、生き抜いていけないのです。

私はずっと商品開発を手掛けてきましたので、どうすれば、新しい時代に適応する商品を作れるかについて、お話ししたいと思います。

時代に適応するためにいちばん大切なのは、「変化を見抜く」ことです。「変化に気づく」ことと言ってもいいでしょう。では、どうすれば、変化に気づけるか。

わかりやすいのは、**現場の定点観測**です。同じ場所をいつも見に行くと、「昨日との違い」に気づけます。


私が第一線で商品開発を手掛けていた時は、コンビニを「5店舗」決めて、必ず、そこだけは毎月行くようにしていました。1店舗だとわからないことも、5店舗だと「あれ、こっちも同じ変化がある」と、傾向が見えてきますから、複数店のほうがいい。

毎月通っていると、何気なく見ていては気づかないものが見えてきます。「あれ、ここにあったはずのものがなくなって、新しい製品が入っている」「スイーツの棚の占める割合が広がった」など多くの気づきがあります。

本やインターネットを見ているだけではわからないような、**時代の流れを肌で感じたり、目の当たりにできます。**

テレビを見ているだけでも、わかることはたくさんあります。

どんな傾向の芸能人が今はウケていて、どんな人の人気がなくなってしまったのか。あるいは、最新のＣＭの傾向として、「以前は、犬が登場するＣＭが多かったけれど、最近は猫が多いな」などが見えてきます。

テレビＣＭだけをずっと見ていても勉強になります。人気のあるＣＭもあれば、なぜか頭に残らないＣＭもある。**大切なのは、「違いはなんだろう」と問いかけること**です。漠然と見ない。能動的にテレビを見る。その違いに気づけると、時代を読めるようになります。

赤城乳業には『ガリガリ君リッチ　コーンポタージュ』というヒット商品がありますが、商品開発を手掛けた社員は、テレビであるお笑いのタレントが**「コーンポタージュ嫌いな奴っていないよな」とつぶやくのを聞いて、開発を思いつきました。**

「今はどんな時代なのか」をつかむことが、売れる商品開発につながります。

もうひとつ、社会の変化に気づくために私がずっとやってきたのは、「新聞」を読むこと。隅から隅まで読みます。すると、昨日と今日の違いに気づくし、社会の動きがわかる。「なぜ、こうなっているのだろう」という視点を持ちながら読むと、社会がどういう方向へ行くか、予測もつくようになります。

社会の予測は、商品開発には欠かせません。

たとえば、コンビニが増えてきた頃、当時の井上秀樹社長が、「まもなく、コンビニが小売店に取って代わるだろう」と予測を立てて、いち早く、コンビニ展開を始めました。『ガリガリ君』もコンビニへの展開があったからこそ、これだけ売れているといわれています。

若い世代は、インターネットに慣れているので、最初、新聞を読むのは難しいかもしれません。その場合は、見出しを拾い読みするだけでもいいでしょう。

それだけでも、毎日見ていると、世の中の流れがわかってくると思います。慣れてきたら、**アンテナに引っかかった記事だけ読んでみる。**もっと慣れてきたら、少しずついろいろな記事を読むようにするといいでしょう。

習慣化することで自然と変化に気づけるようになりますので、早速始めてみてください。

6

人がやらないことこそ
チャレンジの見返りは大きい

仕事を始めたら、忘れてはいけないのは、「チャレンジ」することです。**チャレンジによってのみ、新しい道が開かれます。**

『ガリガリ君』は開発の創成期からチャレンジの連続でした。どんどん新しい作戦を考え、仕掛けていきました。『ガリガリ君』の運命を左右するほど大きな作戦のひとつが、コンビニへの販路開拓です。

「はじめに」でも触れましたが、『ガリガリ君』が生まれた当時、お菓子やアイスは街角の駄菓子屋などの小売店で買うのが一般的でした。お店には、アイスを置く冷凍のアイスストッカーが設置されていましたが、「森永乳業」「ロッテ」といった大手のメーカー名が書かれており、ほぼ独占状態。

赤城乳業が新たにアイスストッカーを設置する場所はなく、またその力もありませんでした。そのため、他社のアイスストッカーの隅に商品を置かせてもらっていたのです。しかも、置かせてもらうには、必ず売れるとわかっているヒット商品を開発するしかありませんでした。

「この状況を打開しないと、ヤバイ」

当時の井上秀樹社長と私は、日本全国に広がりつつあったコンビニを新しい販路にできないか検討するため、コンビニ発祥の地とされるアメリカを視察しました。そこで、まちがいなくコンビニが伸びると確信を得て、帰国後、早速コンビニの販路拡大に向けて動き出しました。

ライバルの大手アイスメーカーの販路は、小売店やスーパーが中心。コンビニなら勝算があると踏んだのです。

当初、赤城乳業はヤマザキ製パン株式会社との結びつきが強かったため、同社が全国展開しようとしていたコンビニ「サンショップヤマザキ（現デイリーヤマザキ）」に追随していました。サンショップヤマザキが新しく店舗を出すと聞けば、赤城乳業もそこに営業所を作りました。宅配会社は営業拠点がないときちんと荷物を届けられませんが、アイスメーカーも、中継となる営業所がないと、デリバリーができないためです。

社内ではこれを**「メインランド大作戦」**と呼んでいました。メインランドとは、「本土」

のこと。営業拠点を新設し、販売チャンネルを増やし、「日本全土に赤城乳業のアイスを置こう」という作戦です。

大手コンビニチェーン店の全国展開も一段落した頃、赤城乳業はすでに全国に営業所の設置を終えていました。そのため、その後のコンビニルートの開拓もスムーズにいきました。コンビニでは、独自のアイスストッカーを設置していたので、赤城乳業のアイスも堂々と置いてもらえるようになりました。

コンビニと組んだもっとも大きなメリットは、その日の売上がわかるPOS情報や販売データを入手できたことです。

小売店では入手できなかったデータを取得できたので、「『ガリガリ君』なんか、そんなに売れるわけない」と言われていながら、データ上では、その日のアイスの売上でいちばん多かった、ということも一目瞭然(りょうぜん)でわかるようになってきました。

また、「この時期にどんな商品が誰に売れたか」がわかるようになり、「提案型ビジネス」(ソリューション営業)に変えることができました。

「提案型ビジネス」とは、単に商品を売り込むのではなく、その商品を作った背景やお客様にとってのメリットを販売店（コンビニ）に伝えると同時に、販売する売り場の環境についての提案もすることです。

たとえば、「『ガリガリ君』はほかの同種のアイスより50％も大きいし、おいしいですよ。しかも、当たりが付いているから、楽しめます。ほかにはないアイスです」といったように、**ほかの商品と差別化しながら、提案していく**のです。

85年から93年にかけては、コンビニがどんどん急拡大していきます。

それにともなって『ガリガリ君』の売上本数も右肩上がりに伸びて行きました。308万本から、670万本、そして、1000万本へ。

コンビニでのアイスの売上は、10年間で約3倍になりました。

もし、コンビニへ販路を切り替えずに、大手のアイスメーカー同様に小売店やスーパーで販売していたら、今の『ガリガリ君』も、赤城乳業もなかったでしょう。

人のやっていないことに、いち早くチャレンジする。
それが仕事を飛躍させるコツといえるでしょう。

7

社会で求められるのは問題発見能力と問題解決能力

子どもの頃から成績がよく、大学はトップで卒業。でも、社会に出て会社に勤め始めた途端、上司に「できないヤツ」とダメ出しばかりされる。人生で味わったことのない挫折感に打ちのめされて、くよくよ悩んでしまう。

そんな新入社員の悩みを聞くことがあります。でも、悩む必要はまったくありません。そもそも**「学生時代」と「社会人」、「管理職」とでは、使う脳の場所がまったく違います。**脳は使うことで、活性化するといわれます。社会に出た途端、これまで使っていたのとは違う脳を使うのですから、**「できないヤツ」といわれて当たり前**なのです。

これまで、多くの新入社員を見てきたのでよくわかります。

私が勉強してきた範囲で、かんたんに脳の話を説明しておきます。

みなさんもご存じのように、脳全体の80%を占めるのが大脳で、左脳と右脳に分かれています。次のように働きも違います。

- 左脳……論理的な思考や文字、言葉をつかさどる
- 右脳……イメージ、想像、直観などをつかさどる

学校の勉強は、文字や数字と向き合い、論理的に考えることが求められます。どうしても、主に使うのは左脳に偏りがちになります。でも、専門職でない限り、学校での勉強を

生かせる場は、会社ではあまりありません。

一方で、社会人になるといちばん求められるのは、「問題を発見する能力（＝問題発見能力）」と「創造力」です。特に企画をする人には不可欠です。**何かを生み出すには、問題発見能力がモノを言います。**

問題を発見するには、直観が大切です。考えていれば、発見できるものではない。**いろいろな情報に触れて、気になったものはメモをしたりして、自分の中にストックしておく。すると、ある瞬間に情報が結びついて、「これだ」ということがわかる。**

この時に、右脳が重要な役割を果たしているのだと私は思っています。

『ガリガリ君』を例にお話しすると、「カップアイスは、カップを片手で持ち、もう一方の手でスプーンを持って食べなければならない。両手がふさがっていると、子どもたちはアイスを食べながら、本を読んだり、ゲームを楽しんだりすることができない」という問題点を発見したから、ワンハンドで食べられる『ガリガリ君』を創造することができたのです。問題発見能力や創造力なしに、『ガリガリ君』は生まれてきませんでした。

今、『ガリガリ君』シリーズでは、２か月に一度、新商品（新フレーバー）を出していますが、創造力がなければ、生み出すことはできません。

この創造力をつかさどっているのが右脳なのです。学生時代、勉強ができた人は左脳をメインに使っていたので、社会に出てダメ出しされることは、別に不思議でもなんでもないことです。だから、いつまでも落ち込まなくてもいい。

ちなみに、**管理職になると、大脳の前のほうにある前頭葉を使う**ようになります。

思考や創造性を担う脳の司令塔で、生きていくための意欲や感情、思考、実行機能など、いろいろな情報が集まっています。要は立場や年代によって使う脳がまったく違うといわれているのです。まとめると次のようになります。

- 学生時代……左脳
- 若手社会人……右脳
- 管理職……前頭葉

だから、会社で最初に壁にぶちあたっても、心配することはありません。最初にお話ししたように、脳は使っているうちに開発されていきます。仕事で右脳を使っているうちに開発されますので、失敗しても心配しないで、仕事に取り組みましょう。

8

趣味は必ず仕事に生かせる。〃遊び心〃は人生の大きなメリット

「学生時代は左脳をメインに使っている」と前項でお話ししましたが、もし、学生のうちに右脳を使うようにしておきたいのであれば、勉強とは別に「好きなこと（＝趣味）」を見つけて、熱中するといいでしょう。

将来に役立つから「英語をやっておこう」とか、「パソコンを覚えておこう」という人もいますが、それは習い事。どちらかといえば、言語や数字をつかさどる左脳を使うことになってしまいます。趣味は、「仕事と切り離して純粋に楽しめ、一生かけてやり続けられるようなもの」のことです。

ゴルフ、将棋、釣り、音楽、絵画……など、お勉強系ではなくて、〝遊び系〟の趣味を持つことが大事です。芸術的な感覚を刺激するものや、言語とは切り離されているものを趣味として行っていると、右脳を使うことになります。

〝遊び系〟の趣味は、右脳を使うだけでなく、**社会に出てから仲間を作りやすくなり、仕事のしやすさにもつながります。**

社会に出ると価値観の違う人が多く、コミュニケーションを取らなければならない年齢の幅もぐっと広くなります。だから、コミュニケーション上の摩擦も生じやすい。

しかし、共通の趣味を持っていると、年齢や肩書を超えて、「趣味」という同じ価値観を共有できます。

たとえば、「ゴルフが好き」という価値観でつながることで、コミュニケーションが取りやすくなります。趣味を中心とした人脈構築ができる可能性が高まります。見ていると、**趣味のある人のほうが、人脈は広がる**と感じます。

社会に出ると、ゴルフを趣味にしている人は、たくさんいますので、学生のうちから始めるのはいいでしょう。

ゴルフ以外でも、釣りや音楽を趣味にしている人に私はたくさん出会いました。

私自身は、大学時代からずっと、音楽を趣味でやってきました。

あまり大きな声では言えませんが、勉強もせずに音楽に打ち込み、虎ノ門ホールやNHKホールの舞台に立ったり、遠方まで演奏旅行をした経験があります。

舞台に立ったり、人前に出る経験によって度胸がつき、社会人になった時に、人前に立つことに緊張感を覚えずにすみました。

『ガリガリ君』など、商品開発をしている時は、新商品ができると、全国のコンビニに紹介するために、日本中を何か月もかけて回っていましたが、結構うまくプレゼンもできたと思います。

どうやって人を惹きつけたらいいかも、感覚的に身に付けていました。

もちろん、仲間もたくさんできました。

仕事場以外で仲間を作ると、会った時に気分転換にもなりますし、社外の人が何に興味を持っているか、情報収集にもつながります。


学生のうちは、勉強することも大切だと思いますが、同時に、心から好きになれる〝遊び系〟の趣味を持ちましょう。もちろん、社会に出てからでも遅くありません。

〝遊ぶ〟ということは、人生に大きなメリットをもたらすと思います。

9

短所と長所は紙一重。
あなたはあなたのままでいい

「鈴木、お前は落ち着きがないな」

高校生の時、私がシャカシャカ動くものだから、先生や友人によく言われました。周囲はのんびりした友人が多かったし、時代もゆったりしていました。だから、シャカシャカ動くのは自分の短所だと思っていました。

ところが、会社で仕事を始めると、

「鈴木は、てきぱきしているね」

と、褒められることがありました。会社ではスピードが求められますし、時代は進み、電車も工場の機械も、あらゆるものがスピードアップしていました。

時代が変わると、悠長にじっくりと考えるよりも、さっさと考えて答えを出して動く人のほうが認められるわけです。

シャカシャカ動くのは、いつのまにか私の長所になっていました。

個性は時代との組み合わせで、良くも映り、悪くも映ります。

時代によって、自分の短所が長所と受け止められることもあるし、逆に、自分の長所が短所と受け止められる時代もある。

だから、自分の短所を極端に卑下することはないし、逆に長所を誇示することもありません。両方を自分だと思ってありのままに受け止めるのがいい。
もし、会社での今の評価が悪かったとしても、いつか、いい評価をもらえる日が来ます。評価も時代と共に変わります。

評価は人が勝手に決めていることで、自分は自分です。過去を変えることはできません。

短所も長所も両方自分だと思える人は、物事を大きく構えられて、スケールの大きな人になることができます。何よりも、短所に目が行っていると、前に進めません。「自分はダメだ」と落ち込むことに時間を取られてしまう。

「短所も自分」「失敗するのも自分」と、自分をまるごと受け入れてしまうと、ラクになるし、**「次へ行こう、次へ」と思えるから、仕事も早く進みます。**

私はそれに気づいた時、ふっと、体がラクになって仕事も早く進むようになりました。

自由に生きていい……。

私はそう思います。

「禍福は糾える縄の如し」ということわざもあります。

「災いと幸福は表裏一体で、より合わせた縄のように交代でやって来るものだ」という意味です。不幸だと思っていたことが幸福に転じることもあるし、幸福だと思っていたことが不幸に転じたりすることもあります。

私は、人生はいい時ばかりじゃなくて、どちらかといえば、よくない時期が多いと思っています。特に、若い時はけなされるし、ばかにされる。でも、それは**「自分が未熟だから」と思って受け入れなくてはいけない。**そういう苦しい思いを糧にして、人は強くなっていくのです。

これはどんな人間にも当てはまります。日の光ばかりが当たり続けている人間なんていやしない。逆に、影の時代が長い人がほとんどです。でも、影だからといって悲観しなくていい。

後ろ側にいる時は、人間は鍛えられるし、光の当たっている時は、自信をつけられます。ただ、光の当たっている時に、油断してはいけません。たとえば、ある日、すごく賭けごとで当たって、儲かったとしても、それが続くわけじゃない。それなのに、油断して続けると、自己破産になることもある。油断したら人生は負けなのです。極論をいえば、**「今は幸せ」とか「今は不幸だ」といちいち気にしないほうがいい**ということです。

10

目の前の電車に飛び乗るだけで新しい未来が待っている

若いうちから夢を持ち、未来予想図を描くと、夢が叶いやすくなります。メジャーリーガーのイチロー選手も、サッカーの本田圭佑選手も、ゴルフの石川遼選手も、みな子どもの頃からプロになる夢を持ち、卒業文集などに未来を描き、実現しています。

ヨーロッパでは、次のような有名な話があるようです。

彫刻家になる夢を抱いて仕事に打ち込んでいる石工は彫刻家になる。同じ仕事をしていても、ただお金をもらうために働いている石工は、いつまでも時給で働く石工のままである。石工という仕事が悪いと言っているわけではなく、**夢を持つのと、持たないのとでは、将来が変わってくる、**というたとえです。

夢を持つことは、とても大切です。

しかしながら、夢を持てない、未来予想図を描けないという人もたくさんいるでしょう。あるいは、夢破れ、挫折してしまったという人も少なくないと思います。

実は、私も若い頃は、「夢破れ」派でした。

私が高校生の頃、今ほど豊かな時代ではなく、食料も決して豊富とはいえませんでした。

だから、日本人が未来永劫、ちゃんと食べていけるように、魚の養殖技術を勉強しようと思いました。しかし、目指す水産系の大学には入れずに、あえなく挫折。結局、父親の卒業した大学に入って、農芸化学を勉強することにしました。

当時は目的を失いましたが、人生を歩くうちにさまざまな目的が見つかり、それなりにやりがいを感じるようになりました。

アイスの開発に携わっていた頃は、「自分の子どもが食べても安心なアイスを作る」という目標ができ、食品添加物をできるだけ使わない商品作りに挑みました。

少し前のことになりますが、休日になるとよく住まいの最寄り駅までいき、目的地も決めずに、いちばん最初に来た電車に乗ってワンデイトリップを楽しんでいたことがあります。

車窓に映る景色に惹かれたら、気ままに下車して、散歩して、また気ままな電車に乗って好きなところへ行く……。目的地を決めない旅は、着いたところが目的地。新しい発見の連続で、非常にワクワクしたものです。

人生も同じかもしれません。

もし、目指していた大学に入っていたら（目的の電車に乗っていたら）、寄り道もせずに、養殖の研究にまっしぐらに進んでいたことでしょう。けれど、目的の電車には乗りそびれ、目の前に止まってドアを開けてくれた電車に飛び乗った。そして、目的地がないなりに、歩み、たどり着いた赤城乳業で大きな目的を見つけた。

ある意味、自由にやってこられたといえます。

夢が持てないからと、焦る必要はなく、**今、夢がないなら、あとで見つければいい**のです。

世の中も変化していきますので、目的を設定していても、変わってしまう場合があります。アメリカのニュース専門放送局CNNのサイトによれば、将来ロボットに取って代わられそうな職業のひとつに弁護士や記者が挙げられています。

弁護士や記者は一般にあこがれの職業だと思いますが、せっかく目標を持って目指しても、将来、どうなるかわからないという点もあるのです。

AI（人工知能）の研究者マイケル・A・オズボーン准教授らの論文によると、米国の総雇用者の仕事のうち、47%が、10～20年後には機械によって代わられるという驚くべき予測も出ています。

予測ですから、どの程度当たるかはわかりませんが、ただ、いくつかの職業が、ＡＩに代わられることだけは確実でしょう。

避けるべきは、どうしたらいいかわからないからと、じっと立ち止まり、悩み続けてしまうこと。少しくらいは悩んでもいいですが、立ち止まっても解決にはならない。**パッパッと行動に移したほうが道は開かれていきます。**

今は選択肢が広がっている時代です。

仕事も種類が多いですし、レストランで食事をしようと思えば、世界各国の料理があるし、店も多い。テレビのチャンネルもたくさんあります。インターネットの普及で、情報もあふれています。

悩んでいるばかりでは、貴重な人生の時間がどんどん失われていきます。だから、とりあえず、目の前の電車に乗ってみる、という選択があってもいいと思います。

目標を決めると行動範囲がある程度限定されます。すると、限られたものしか見えませんし、その枠の中だけで行動してしまおうとしがちです。

でも、枠からはずれることで、新たな発見もあります。

赤城乳業では、本流からはずれ、**少し「はずす」ことでオリジナリティを生み出しています。**当初の『ガリガリ君』のキャラクターは、イガグリ頭と大きな口がトレードマークで、一般受けするキャラクターとはほど遠いものでした。

でも、あえて、「はずす」ことを狙っています。**はずれているから、目立って注目されたりする**のです。

たとえ今は目標がなくても、あせらず、ゆったりと構えていきましょう。必ず、夢は見つかるものです。

第2章　ヒット商品の本質

11

「このままじゃ、
赤城乳業は倒産する。ヤバイ」
追い込まれた時ほど、前へ

この章は、『ガリガリ君』の開発を題材にし「ヒット商品の本質」についてお話ししていきたいと思います。

まずは、「はじめに」でも軽く触れましたが、『ガリガリ君』が誕生することになったいきさつについて詳しくお伝えします。

『ガリガリ君』が誕生したのは1981年、商品開発はその2年前の1979年に始まりました。そもそも赤城乳業には、1964年に前会長が命がけで作って製造販売を始めた『赤城しぐれ』という看板商品がありました。今ももちろんありますが、当時、カップかき氷アイスの草分け的存在で、赤城乳業の主力商品となっていました。

ところが、70年代に2度のオイルショックがあり、原油が10倍以上値上がり。コストが高騰したり、消費が冷え込んだため、売上が低迷。ほかのアイスメーカーが、カップかき氷に参入してきたこともあり、『赤城しぐれ』はだんだん厳しい戦いを強いられるようになりました。

また、物価の高騰を乗り切るため、アイス業界内で「30円だったアイスを50円にする」という話がささやかれていました。赤城乳業も30円だった『赤城しぐれ』を50円にする決断をし、値上げをしました。ところが、ふたを開けてみると、ほかの会社は値段を上げませんでした。赤城乳業だけアイスが高くなってしまったので、子どもたちはもう買ってくれません。一度値上げしたものを元に戻すわけにもいきません。

商品がまったく動かなくなり、業績はさらに悪化しました。

作っても売れない。当時、工場にあった8つの製造ラインはほぼ停止状態となりました。工場で働いていた人たちは、朝、機械の洗浄だけを済ませると、やることがなくなり、工場周りの草むしりをしていました。

「このままじゃ、赤城乳業は倒産する。ヤバイ」

経営陣も、私も、ほかの社員も、みんながそう思っていました。

今思い出してもぞっとします。大ピンチでした。

ただ、この時、みんなの気持ちがひとつにまとまっていくのを感じました。

ピンチという状況を隠そうとする会社もありますが、**追い込まれた状況では、そのことをオープンにすることで、社員をひとつにまとめる力がある**のかもしれません。社員それぞれが自然と「自分のできることをしよう」とやるべきことを探していたように思います。

私がリーダーを務めていた商品開発部には、「『赤城しぐれ』に匹敵するような、会社の柱となる商品を作れ」とお達しがきました。

商品開発部では、あの手この手を考え、次々と商品を企画して新しいアイスを出しました。当時、大人気だった『ルパン三世』などのアニメーションや、漫画家の池田理代子先生の漫画をパッケージに採用したりもしました。アニメのキャラクターは非常に人気があって、瞬間的にバカ売れしました。ですが、長続きはしません。

「虎の威を借る狐」のようなもので、所詮、人気のある先生方のキャラクターに頼って、パッケージを変えただけの、**借り物の企画**だったからです。自分たちが悩んで悩んで頭を使って絞り出したアイデアは、そこには何もありませんでした。

人のふんどしで相撲をとってもうまくはいかない、と思い知らされました。

やはり赤城乳業ならではの、どこにもない、オリジナル商品を開発しなければなりませんでした。起死回生をかけた商品開発であるならば、なおさらです。

ピンチの時こそ、安易な方向に逃げるのではなく、前を向き、問題と向き合って解決策を探すことが、結局は、ピンチを切り抜ける最良の方法なのです。

12

商品を手に取ってもらえるかどうかは「ぱっと見」が100%!?

『ガリガリ君』の開発のスタートは、「ワンハンドのかき氷のアイスを作る」というアイデアから始まりました。ワンハンドとは、片手で食べられるということ。つまり、棒が付いたアイスです。当時、アイスは片手にカップを持ち、もう一方の手でスプーンを持って食べるのが主流。ワンハンドで食べるアイスもあるにはありましたが、「お行儀が悪い」「社会的悪」と考えられていました。

かき氷のワンハンドアイスも、商品としてあまり販売されていませんでした。

一方で、コンピュータゲームなどが登場したり、漫画本の人気も高かった頃です。ワンハンドのかき氷のアイスがあれば、暑い日も、食べながら遊べる。それなら、子どもたちに喜ばれるのではないか、と大きな方向性が決まりました。

当時は、**コンセプトを作ってから商品を作る**ということは、アイス業界ではあまり見られませんでしたが、『ガリガリ君』はしっかりと最初にコンセプトを作って、商品開発を始めました。

当時考えた新しいアイスのコンセプトは次の4つでした。

- **でかい**
- **安い**
- **当たり付**
- **おいしい**

このコンセプトにしたのは、お客様を〝お得感〟で驚かせるためです。

「うわ、でかい！」

「しかも、安い！」

「しかも、しかも、当たりまで付いている！」

「しかも、しかも、しかも、おいしそうだ！」

そして、**「これは、買うっきゃないでしょ！」**と思ってもらいたいと考えました。

なかでもこだわったのは「でかい」ということ。それまで、各メーカーで出されていたワンハンドのアイスの平均的大きさの「1・5倍」にすることにしました。

「あのアイスはおいしい」といった事前情報がない状態で、並べた商品の中から、自社の商品を手に取ってもらうには、見た目がもっとも大切です。いろいろな意見があるかもしれませんが、私は、**「『ぱっと見』が100%」**（私は社内では**〝ぱみ100〟**と呼んでいます）と言ってもいいくらいだと思っています。

「ぱっと見」でわかりやすいのは、大きさです。

まだ年齢がいかない小さいうちは、特に質より量を重視するのでしょう。お子さんたちは、たいてい大きい方を選んでくれます。つまり、**見た目を大きくすることで、子どもたちに手に取ってもらえる確率が増える**ということです。


今は大きいアイスも出てきていますが、当時、『ガリガリ君』はとびぬけてでかいアイスでした。アイスストッカーの中でもかなり目立っていました。

見た目にこだわった〝ぱみ100〟作戦は大成功だったといえます。

13

逃げ道を閉ざしてゾーンに入るのがヒット商品を生むコツだ

新しいヒット商品を作りたいと思ったら、まず、**目の前にある自社のヒット商品を「否定する」**ことです。否定からスタートすることで自分の逃げ場をなくし、追い込むことができます。人は追い込まれると集中します。

日本には昔から「火事場の馬鹿力」という言葉がありますね。心理学の言葉でいえば、「ゾーンに入る」ともいいます。

ゾーンとは、すごく集中したり、没頭したりする状態のこと。待ったなしの、逃げ場のない状態になると、ゾーンに入って、普段想像できないような力を発揮するのです。

私のように「否定する」ことで、逃げ場をなくす以外にも、「夢中になれるようなゴールを設定する」「瞑想(めいそう)する」ということでもゾーンに入るといわれています。

みなさん、見たことがあるかどうかわかりませんが、私の好きな絵画で東山魁夷(かいい)の『道』という作品があります。ずっと、向こうのほうまで道だけが続いている、そんな絵です。ゾーンに入ると、まさに周りがあまり見えなくなって、道だけが見えて、勝手に導いてくれるような感じです。

『ガリガリ君』の開発を手掛けていた時は、まさにゾーンに入っている感じでした。

既述したように、『ガリガリ君』の開発当時、赤城乳業には、前会長が命がけで作ったかき氷のアイス『赤城しぐれ』がありました。フレーバー（＝味）としては、白、いちご、練乳あずきがあり、これが当時の赤城乳業を支える、大ヒット商品でした。

私に課せられた使命は、『赤城しぐれ』に匹敵するようなヒット商品を、ワンハンドのかき氷のアイスで作ることでした。この時、いちごや練乳あずきのフレーバーを使えば、比較的すぐに新商品ができたかもしれません。

ですが、私は、絶対に使わないと宣言しました。それは、『赤城しぐれ』を否定するような行為でした。もし、使ってしまうと、「なんだ、カップの『赤城しぐれ』をバーにしただけじゃないか。カップがなくなって、バーになったのだから、安くしろ」と言われるに違いありませんでした。そんな状況は避けたかったですし、むしろ、新たな価値を提案して、お客様に喜んでもらえる商品を開発したいと思ったのです。

どんなフレーバーにするか考えた時、ひらめいたのは、歴史を紐解くこと。 歴史を見ていくと、過去の成功例、失敗例がよくわかります。企画や人生に悩んだら、歴史に聞いてみる。そこでヒントが見つかることは少なくありません。

私は、日本の飲料の歴史について書かれた本を読みあさり、いちばん長く愛されているのは何か、調べてみたのです。答えは「ラムネ」でした。幕末にアメリカのマシュー・ペリー提督率いる黒船が来航した時に、艦に積まれていたのが「炭酸レモネード」。レモネードがなまって「ラムネ」という呼び名になったと伝えられています。私自身は、もっと昔から日本の各地で、似たものが飲まれていたのではないかと考えていますが、いずれにしても、日本に昔からあって、ずっと飲まれてきたことは事実です。

「これだ！」とピンときました。

当時も、ラムネやサイダーは子どもたちに人気でした。

夏、駄菓子屋に行くと、子どもたちはおいしそうにラムネを飲んでいました。しかも、日本でずっと愛されているロングセラーの味。アイスにしたらきっと売れるに違いない、と確信しました。

『ガリガリ君』のソーダ味はこうして生まれました。

早速、ラムネを買ってきて「モールド」というアイスを作る枠に流し込んで、冷やし固めてみました。解決しなければならない難点が2つほどありました。

ひとつは、舌触りです。炭酸が入っていると固まってもザラザラになってしまい、おいしいものができませんでした。試行錯誤の末、ようやくいい舌触りのものができました。

もうひとつは、色。炭酸を固めるとただの白になってしまい、おいしそうには見えなかったのです。そこで、色をつけることにしました。

子どもたちには外で食べてもらいたいと思いましたので、**「空」や「海」をイメージし、その共通の色、「水色」に決めました。〝ガリガリブルー〟の誕生です。**

今でこそ、ソーダといえば、ブルーの色をイメージするのが一般的になっていますが、ソーダに「水色」を付けたのは、『ガリガリ君』が初めてといわれています。

いちばん最初の『ガリガリ君』は、ソーダ味のほかに、コーラ味とグレープフルーツ味も作りました。

コーラも当時飲み物として人気がありましたし、果物のグレープフルーツが、1970年代から輸入の自由化が始まり、日本でちょっとしたブームになっていました。流行(はや)りもあって、初期の『ガリガリ君』のフレーバーでいちばん売れたのは、グレープフルーツ味でした。

ただ、長く人気があって、今でもダントツで売れ続けているのは、ラムネにヒントを得たソーダ味です。

自分を追い込み、ゾーンに入ることで、『ガリガリ君』のスタンダード、ソーダ味を開発することができたと思っています。

また、商品開発の初期に、飲料の歴史に当たったことも幸いしました。

スタンダードになるような商品を作りたいと思った時は、江戸時代や明治時代などの歴史に当たり、どんな定番商品があるか調べてみるのもいいでしょう。大きなヒントを得られやすいと思います。

それから、当時は、ドイツの人智学の権威ルドルフ・シュタイナーの「12感覚論」についての本をよく読んでいました。後述しますが、人間には5感以外にも感覚があるという理論で、私は「12感覚」に触れるような商品を作ろうと考えていました。**技術論以外の、さまざまな本を読むことで商品開発のインスピレーションは湧いてくる**のです。

14

新しい発想は否定から生まれる

自分の逃げ道を閉ざして、ゾーンに入るとチャンスも忍び寄ってきます。レオナルド・ダ・ヴィンチが言ったとされる「誰でも人生には三度、目の前をチャンスの女神が通り過ぎる」という言葉があります。でもこの女神には、前髪しかないそうです。つまり、通り過ぎてからでは遅い。

来そうだと思った時にいちはやく前髪をつかむ必要があります。ゾーンに入って、集中していると、「今がチャンスだ」というのもなんとなくわかってきます。

何か新しいヒット商品を生み出したいのなら、まず、目の前にあるものを否定して、逃げ道を閉ざし、集中することから始めてみましょう。

そして、ヒット商品を作りたいなら、**たとえ先輩の意見であっても、自分が違うと思ったら、どんどん否定したほうがいい。**

言われるがままに先輩の意見に流されると、失敗した時に必ず、先輩のせいにします。

逆に先輩の意見を取り入れて、ヒット商品につながっても、自分の達成感は低くなってしまいます。仕事は自分のためにしているのですから、自分の意見を大切にしたほうがいいのです。

少し前の話になりますが、赤城乳業で『ガリガリ君　梨』という商品を出しました。シャリシャリした独自の食感の、和梨の味のカキ氷を入れたアイスキャンディです。

最初、「和梨味を作りたい」と商品開発の社員から提案があった時に、私は「難しいかもね」と言いました。「洋梨の香料はあるけれど、和梨の香料が作られてないし、果汁も出回っていない。フレーバーがないものは、開発がいちばん難しいんだよ」と。

でも、その社員は「やらせてくれ」と強く言ってきました。

「それほど言うなら、やってみて」とGOサインを出したらすぐに作ってきました。彼は秘策を持っていて、すでに香料メーカーと組んで、和梨のいい香りのする香料を作っていたのです。私は和梨のいい香料があると知りませんでした。

できあがったものを試食してみると、食感も和梨に近くて、すごくおいしかった。

自分の意見を否定されて、あんなにうれしかったことはありません。

商品開発や営業をしていると、クライアントから、商品を否定されたり、ダメ出しされることがよくあります。

その時は、相手はお客様ですから、「そうですね」といったんは受け止めることです。前の章でお話しした「YES、BUTの精神」です。

その上で、何か自分らしい、プラスアルファの提案をすることです。

たとえば、もし、「今の時期は『ガリガリ君』が、まったく売れないな」と言われたら、「そうですね」と答えて、「では、こっちの商品はどうですか。今人気上昇中ですよ」と、ほかの商品を理由を付けて提案してみる。

すると、新しい商品を置いてもらえるかもしれません。

いずれにしても**「否定」は「新しいこと」につながるチャンス**であることを覚えておきましょう。

15

ロングヒットの秘密は ポジショニングの見極めにある

「歯茎が汚くみえる。田舎くさい。だから『ガリガリ君』は買いたくない」

かつて、『ガリガリ君』はそんな冷たい風にさらされたことがありました。ですが、それを乗り越えて、今や、年間4億本以上売れています。

乗り越えられた理由は、**ポジショニングの変更がうまくいった**からだと思います。

『ガリガリ君』が誕生して、2016年で35周年になります。

「なぜ、そんなに長く愛され続けてきたと思うか」とよく聞かれます。

理由はいろいろあるでしょう。本書でも紹介しているように、とにかくいろいろな仕掛けをしてきました。そのひとつひとつが功を奏して、今につながっています。

ただ、あえて、私なりに分析し、人気のいちばんの秘密をあげるとするなら、「ポジショニング」がうまくいっている点だと思います。

ポジショニングとは、文字通り、市場での「位置づけ（立ち位置）」です。独自のポジション（＝位置）を設定し、他社の製品と一線を画す差別化ができ、市場に受け入れられると、**ヒット商品につながる**のです。

『ガリガリ君』は、キャラクターとしてのポジショニングが非常にうまくいっていると思っています。では、どういうポジションなのか。

設定としては、**お客様の「子分」や「弟分」という位置づけ**です。お客様の目線より必ず下にいる存在です。

もう少し細かく言えば、「年齢は小学校低学年。元気いっぱいだけど、成績はあまりよくなくて、ちょっとおっちょこちょいで、時には失敗もする」というキャラクター。

この**「時には失敗もする」という性格設定が、特に成功した**のかもしれません。

著名人の半生におけるしくじりを授業風に紹介している番組が人気を集めていますし、漫画のキャラクターは、完璧というより、**少し抜けているほうが、どこか親しみやすい。**目線でいえば、上から目線ではなく、下からの目線で話しかけている感じ。

特にアイスというのは、食品の中でも「癒し」というポジションにあって、ちょっとひと息つきたい時に食べるものです。だから、緊張感は抑えたほうがいい。

もし、『ガリガリ君』が、失敗をしない優等生タイプの『ガリ勉君』だったり、上から目線で物を言うような『ガミガミ君』というキャラクターだったら、ここまで長きにわたって売れ続けることはなかったでしょう。

ただ、最初から、今のキャラクターだったわけではありません。

1981年の発売当初のイメージは、「昭和30年代のガキ大将」。イガグリ頭と大きな口がトレードマークという点は、今と同じですが、社員の言葉を借りれば、「ちょっとゴリラっぽい雰囲気」がありました。年齢は中学3年生という設定で、当初のキャラクターは、絵の得意な社員が描いていました。

現在のキャラクターになったのは、2000年のことです。

伸び悩んでいた売上をどうすれば伸ばせるか、全国で3万人規模の市場調査を行ったのがきっかけです。かなりのコストをかけて、市場調査をやったのですが、実はこの時、明確な結果がでませんでした。

日本人はまず建前を言いますから、本音がなかなか聞けなかったのです。

それで、困って、競合他社の友人に相談しました。**「どうすれば、『ガリガリ君』の欠点が聞けるのだろうか」**と。すると、すぐに「鈴木さん、グループインタビューをやればいいんですよ」と教えてくれました。

そこで、グループインタビューを実施することにしました。

私は、その様子をマジックミラー越しに見せてもらったのですが、頭を殴られたような大きなショックを受けました。

モニターさんは、高校生や大学生、そしてＯＬ、主婦で構成される女性だけの４つのグループでした。彼女たちが、『ガリガリ君』を評して、「味はいいけれど、私は買わない」なぜなら、「デザインが田舎くさい」「歯茎が見えて汚い。食品に合わない」「汗がどろ臭く、汚い」……、と次々と辛辣なダメ出しをしてきました。「味はよくても、デザインがよくないから買わない」というわけです。

『ガリガリ君』に求められているポジションは、もはや「ガキ大将」ではなかったのです。女性たちの率直な声に愕然とし、心底危機感を覚えました。

ショックでしたが、**お客様の声を聞かなければ、自分たちでは気づくことができませんでした。**調査に協力をしてくださった方々には本当に心から感謝をしました。ポジショニングを考える時に、「お客様の声」に耳を傾けることが何よりも大切だと学ばせていただきました。

大切なのは、ポジショニングは時代とともに変わるということです。

なかなか売上が伸びない時は、一度、今の時代と合っている商品かどうかをチェックする必要があります。

それによって、新たな方向性を発見し、時代に合わせて微調整していくことが、息の長い商品になる秘訣(ひけつ)かもしれません。

16

自己表現（セルフエクスプレッション）する商品は強い思い入れがなければ作れない

1999年に、グループインタビューをした結果を受けて、『ガリガリ君』は、キャラクターの抜本的な見直しを行うことになりました。

社内にも優秀なデザイナーがいましたので、リニューアルに関して「内製してはどうか」との声も出ましたが、**「抜本的な見直し」**が求められていたことから、当時の井上秀樹社長とも相談し、思い切って、社内と社外の両方で作ってみることにしました。

社外で手を挙げてくれたのは、外部のグラフィックデザイナーの高橋俊之さんでした。現在のガリガリ君プロダクションのクリエイティブディレクターです。もう10年以上、『ガリガリ君』のパッケージやデザインを作ってくれています。

高橋さんは当時イラストレーターではありませんでした。しかし、新しいデザインは高橋さんにお願いしました。

理由は「子どもの頃から『ガリガリ君』の大ファン。この業界で、僕以上に、『ガリガリ君』を愛している人はいません。ぜひ、僕にやらせてほしい」と言ってくれたからです。しかも、どんな大変なことでも引き受けてくれそうな情熱を感じました。

ヒット商品で大切なのは、「セルフエクスプレッション（＝自己表現）」があるかどうか

です。つまり、自ら主張しているような商品でなければ、手に取ってもらえません。

商品にセルフエクスプレッションさせるには、作り手が**「この商品を絶対に売りたい」という思いを込める**ことです。味や商品コンセプトを決める時はもちろん、デザインを決める時も同様です。高橋さんからは、中途半端な思いではなく、『ガリガリ君』を何とかしたいという強い思いが伝わってきました。

社内と高橋さんが作ったものと両方上がってきましたが、社内プレゼン案は、どうしても過去の『ガリガリ君』を引きずっていました。そこで、高橋さんのほうを採用することになりました。

現在のようにアニメ風の3Dタッチで、世代の設定も小学校低学年になり、生まれ変わったのです。合わせてCMを流したことで、新しい『ガリガリ君』は全国に知られるようになり、さらに、猛暑という追い風が吹いて、2000年の販売本数は、はじめて1億本を突破。キャラクターのリニューアルは大成功となりました。

もうひとつ、商品をセルフエクスプレッションさせるには、パッケージに工夫を凝らすことです。『ガリガリ君』は、パッケージである袋の一か所に窓を開けて、中身の一部が見えるようにしています。

他社製品でセルフエクスプレッションがすごいと思うのは、グリコ（江崎グリコ株式会社）の『パピコ』。チューブ型のアイス2つがくっついていて、インパクトがあります。「2人で食べて」と主張しているところがおもしろいですし、溶けても落ちないから、ゆっくり時間をかけて食べられます。

末永く愛される商品でしょう。

こうした**パッケージの工夫も、商品への思い入れがあればこそ、生まれる**と思います。

もし、商品開発に携わるのであれば、強い「思い」を持つことが何より大事になってきます。逆にいえば、**「思い」がしっかりしていれば、ヒット商品を開発できる日は遠くない**と思います。

17

人生で意識すべきポジショニングとは？

キャラクターのリニューアルによって『ガリガリ君』の販売本数が伸びたことで、商品開発において、キャラクターのポジショニングがいかに大切かをあらためて思い知りました。以来、

「その商品は暮らしの中でどんなポジションなのか」

「お客様にとってどんなポジションなら、飽きずに買ってもらえるのか」

「今のままのポジションで本当にいいのか」

そんな問いかけをしながら、**『ガリガリ君』の「ポジション」を意識し続けてきたことが、今のロングヒットにつながっています。**

今後も、今の『ガリガリ君』のポジションが、続いていくかどうかはわかりません。ポジショニングと時代の流れは、密接な関係があります。時代は変化していきますので、ポジショニングも時代と共に変化していくと考えておくといいのです。

初代の『ガリガリ君』から、現在の『ガリガリ君』に設定が変わったように、もしかしたら今後、キャラクター設定が、幼稚園生などに変わる可能性もあるのです。

ポジショニングの考え方は、たとえば、就職活動などで自分自身を売り込みたい時にも

役立ちます。

「自分が得意なことは何か」を分析して、入りたい会社のどこの「ポジション」で自分を生かし、会社にどんな「メリット」をもたらすことができるか、しっかりアピールできれば、会社に受け入れられ、面接もパスできるでしょう。

具体的に言うと、たとえば就職活動で人事担当者と面接する場合、理系の大学生に「品質管理を学んだから、品質管理部に入って、大腸菌の検査をやりたい」と言われてもピンときません。ですが、「品質管理部に入って、絶対に大腸菌を出さないよう、しっかり管理をしていきたい」と言われれば「この人を採用したい」と思うものです。

すでに働いている人なら、**自分が今の会社でどんなポジションを求められているのか、時には振り返る**ことも必要ではないでしょうか。

新入社員の間は「右も左もわかりません」でいいかもしれませんが、2、3年経つと、会社の戦力として、営業成績を上げたり、新しい企画を出すことが求められます。

リーダーや課長になれば、さらに求められているものが異なってきます。

自分のポジションが何なのかを問いかけ、果たすべき仕事に邁進(まいしん)していくことで、会社での評判は上がっていくのです。

また、**人生の年代別のポジショニングを意識すること**も重要です。

私は、多くの人に共通する、社会における年代別のポジションもあると考えています。それは、**「having」「doing」「being」「co-growing」**の4つです。

それぞれについて説明しましょう。

- 10代まで……「having」

「持つ」という意味がありますが、記憶の能力を使って、いろいろな知恵を吸収する年代です。先人たちが残してくれた知識をいかにコピーするかを考える。そして、社会に出た時に耐えられるような体作りをし、仲間をどんどん作る年代です。

- 20代、30代……「doing」

「行動する」ということです。学んだことを生かして自分で行動を起こす年代です。右脳を使って想像力を働かせて、問題がないところにも問題を見つけて、解決する方法を考える。これを〝空にツメを立てる〟といいます。新しいことを発見し、新しい自分を発見する世代です。

●40代、50代……「being」
「自己実現をする」ということ。部下から上がってきたことを整理し、判断し、正しい方向に導いていくことが求められます。自己実現の欲求を満たす年代です。

●60代以降……「co-growing」
「共に成長する」世代です。自分の人生を重ね合わせて、人を育てることに力を入れ、組織全体を見ることが求められます。

もし、自分で今、何をしたらいいかわからなくなったら、このポジションに戻ればいいのです。10代で何をすべきか悩んだら、「今は知恵を吸収すればいい」と立ち戻る。20代で何をすべきか悩んだら、「そうか、今は行動の時期だ」と戻って、とにかく行動をする。

自分の年代で何をすべきかがわかっていると、悩んだ時に心の整理ができます。

実は、社会に出ると、数年はまた「having」が続きます。会社のことはあまりわからないのですから、最初はとにかく「吸収」することから始まるのです。ある程度、会社のことがわかってきたら、「doing」「being」「co-growing」と続いていきます。

人生の節目節目で何をすべきか悩んだら一度、「having」「doing」「being」「co-growing」というキーワードを思い出してみてください。

18

企画を通したい時に必ず相手に伝えるべき6つのポイント

●この本をどこでお知りになりましたか?(複数回答可)

1. 書店で実物を見て　　2. 知人にすすめられて
3. テレビで観た(番組名:　　)
4. ラジオで聴いた(番組名:　　)
5. 新聞・雑誌の書評や記事(紙・誌名:　　)
6. インターネットで(具体的に:　　)
7. 新聞広告(　　新聞)　8. その他(　　)

●購入された動機は何ですか?(複数回答可)

1. タイトルにひかれた　　2. テーマに興味をもった
3. 装丁・デザインにひかれた　　4. 広告や書評にひかれた
5. その他(　　)

●この本で特に良かったページはありますか?

[　　]

●最近気になる人や話題はありますか?

[　　]

●この本についてのご意見・ご感想をお書きください。

[　　]

以上となります。ご協力ありがとうございました。

お手数ですが
切手を
お貼りください

郵便はがき

150-8482

東京都渋谷区恵比寿4-4-9
えびす大黒ビル
ワニブックス 書籍編集部

お買い求めいただいた本のタイトル

本書をお買い上げいただきまして、誠にありがとうございます。
本アンケートにお答えいただけたら幸いです。
ご返信いただいた方の中から、
抽選で毎月5名様に図書カード(1000円分)をプレゼントします。

ご住所 〒

TEL (　　-　　-　　)

(ふりがな)
お名前

ご職業

年齢　　歳

性別　男・女

いただいたご感想を、新聞広告などに匿名で
使用してもよろしいですか?　(はい・いいえ)

※ご記入いただいた「個人情報」は、許可なく他の目的で使用することはありません。
※いただいたご感想は、一部内容を改変させていただく可能性があります。

「自分としてはめちゃめちゃいい企画を出していると思う。だけど、会社の人たちはなかなかわかってくれない。いつもボツになってしまう」

もし、そんな心当たりがあるのなら、**伝え方を見直してみる**といいかもしれません。

スティーブ・ジョブズの抜群のアイデアは、その素晴らしいプレゼン力もあって、2倍にも3倍にも魅力的に思えましたよね。社内で企画を通す時も同じです。企画の採用は、企画自体のよしあしはもちろん、伝え方によっても大きく左右されます。

難しいことではありません。基本を押さえれば大丈夫です。

伝える時の基本とは、**「相手に対して、『できるだけ丁寧』に『納得してもらえるまで』話す」**ことです。そうすれば、企画が通ったあとも、話が思い通りに、しかも、スムーズに進みやすくなります。

たとえば、自分で企画した抹茶味のアイスを通したいとします。

その場合、「なぜ、抹茶を選んだのか」「抹茶味のアイスを作ることで買う人や会社にどんなメリットがあるのか」について会議に出席した人全員がわかるまで説明していきます。

「抹茶なんて、今どき、時代遅れじゃないか」と反発するような意見も出てくるでしょう。

その場合は**相手の理由を聞いて、ひとつひとつに対して丁寧に応じる。**

もちろん、乱暴な言葉遣いは避け、省略しないで説明するようにします。すると、相手も納得してくれるでしょう。

言葉はひとり歩きをします。

たとえば、「ナポリタン味が売れなくてよかったね。テレビに取り上げられて、3億円くらいの宣伝効果につながったから」と言った場合、きちんと後半部分について説明しておかないと、「なんだ、鈴木はナポリタン味が売れなくて喜んでいる」と勘違いされる可能性もあります。本来の意味としては、「どんなアイスも売れてほしい。たまたまナポリタン味は売れなかったけれど、売れないなりにマスコミに取り上げられたから、不幸中の幸いだったね」という意味が、伝わらない。

きちんと伝えないと、本来の意味とは違う話にすり替えられる可能性があるのです。

伝え方は、感情をこめて伝えたり、抑揚をつけたり、人それぞれで構いません。

ポイントは、「軸の部分がずれないようにすること」「その場の人たち全員がきちんと〝腹落ち〟するまで丁寧に説明をすること」です。説明を面倒くさがってはいけません。

自分が売りたい商品の企画を通したい時はなおさらです。

商品によって違うかもしれませんが、私の場合は、だいたい次の6つのポイントを細かく説明していきます。

①なぜ、その商品を作ったのか。その理由と背景（市場の問題点）。
②その商品の特徴（どんな問題点を解決するのか）。
③どんなお客様をイメージしているのか。
④原料はどんな点にこだわっているのか。
⑤デザインのポイントはどこか。
⑥ワンポイント・セリング・メッセージ（＝OPSM、セールスポイント）はどこか。

『ガリガリ君』でいえば、

①子どもたちが忙しくなってきた。遊びながら食べられるアイスが求められている。
②ワンハンドのアイスだから、食べながら本を読んだり、遊んだりできる。
③元気に遊びまわる子どもたちに食べてもらう。

④ほかのアイスメーカーでは使っていないソーダの香料を使う。
⑤空や海をイメージした〝ガリガリブルー〟。
⑥キャラクターの名前は『ガリガリ君』。しかも、ほかのワンハンドアイスより5割増しの大きさ。

ということになります。

なぜ、細かい点を説明しなければならないか。

商品開発では、自分の考えに共感して「この人のやっていることをいろいろな人に伝えてあげよう。この商品を多くの人に広めよう」と思ってくれる人をいかにたくさん作れるか、どうかがとても大事だからです。

きちんと共感してもらえれば、味方になってくれて、その人の周囲の人にも企画の意図を丁寧に説明してくれる。つまり、次の人にきちんとバトンを渡してもらえます。

次々とバトンを渡してもらい、お客様までそのバトンが渡れば、お客様が買ってくださいます。

もちろん、商品は出してみないとわからない場合も多いのですが、少なくとも、きちんと説明しないよりは、説明したほうが、**ヒット商品につながる確率はぐっと高くなる**と思います。

恥ずかしながら、丁寧な説明の重要性に気づいたのは、商品企画を手掛けるようになって、だいぶたってからです。

それまでは、「商品を開発したので売ってください」という感じで、十分な説明はしていませんでした。聞いたほうから、質問が来ようものなら、「いいから、売ってくれ！」といわんばかりでした。自分もけんか腰になるから、相手もけんか腰になる。感情ばかりが前に立っては、商品への情熱が伝わらず、いくらいい商品を企画したところで売れません。

今はもちろん、そんなことはありません。逆に説明するのが楽しくなってきましたので、いろいろなことを丁寧に伝えるように心がけています。

丁寧に説明して、相手の腹に落とすと、そこから先は**スムーズに進んで、伝わるスピードは速くなります。**最初に手を抜かずにきちんと説明することは、仕事のスピードアップにもつながります。

19

『ガリガリ君』『ガツン、とみかん』ネーミングは7文字以内が売れる

ヒット商品の鍵を握るのはネーミングです。

ポイントは「なるべく短く作ること」と「形容詞や一般名詞を使わないこと」です。

短く作ったほうがいいのは、口コミがしやすいからです。長いと、覚えられませんし、覚えられなければ、口コミで人に伝わっていきません。

今、赤城乳業で、柱となっているのは次の5つの商品群です。

- 『ガリガリ君』
- 『ガツン、とみかん』
- 『旨ミルク』
- 『ドルチェTime』
- 他社とのコラボ商品

5番目は別として、どれも商品名が短い。

『ガリガリ君』は5文字（6音）、『ガツン、とみかん』は、「、」を除けば7文字です。私が初期に開発した『BLACK』で5文字でした。

商品のネーミングは、経験上、7文字以内がベストだと思っています。

「形容詞や一般名詞を使わない」ほうがいい理由は、まねをされないためです。商標登録が基本的にできません。

私が入社当時に開発した『BLACK』というアイスも形容詞でした。『スーパーソフト』は、なおさらです。

『BLACK』を出してすぐに、他社から似た名前の商品が販売された苦い経験があります。とは言っても、かなり適当に名前を付けることもあります。何を隠そう、『ガリガリ君』のネーミングを考えた時もそうでした。

当時の井上秀樹専務からは、「ネーミングは斬新に」というオーダーが来ていました。『ガリガリ君』の場合、かき氷から商品開発が始まっています。カップからスプーンで削る時、「ガリガリ」という音がしました。だから、みんなで考えて、『ガリガリ』という商品名にしよう、とほぼ決まりかけていました。

ところが、発売直前になり、「あれ、何かおかしくない？　いいんだけど、ちょっと変じゃない？」という声が出て、井上専務のところに相談に行きました。すると、

「〝君〟をつければ、楽しくなるんじゃないか」

と案が出され、『ガリガリ君』になりました。

「ガリガリ」では、単なる修飾語で、なんだかよくわかりません。

ですが、**人の名前のように固有名詞にした瞬間から個性が生まれ、愛着も湧きやすくなり、覚えてもらえるようになったの**だと思います。

「あの『ガリガリ』、おいしかったね」よりも「あの『ガリガリ君』、おいしかったね」と言ったほうが、断然クチコミに乗りやすいのです。

もし、「ガリガリ」という修飾語のままでしたら、ここまでヒットはしなかったでしょう。

商品開発部で決めたネーミングでも、「なんか、変」「なんか、違和感がある」「でも、どうすればいいかわからない」と感じた時には、いくら時間がなくても「まっ、いいか」とそのままにしないことです。

納得いくまで話し合ったり、ほかの部署の人に相談したり、意見を聞いたりしたほうが、結局はうまくいきます。

食べ物やモノに人の名前を付けると、たちまち命を持つのをよく感じます。

2010年、本庄早稲田駅から車で15分ほどのところに、赤城乳業の「本庄千本さくら『5S』工場」という、新工場を作りました。

一般の方々が見学もできるようになっています。

この工場では、アイスを作る機械に「あいちゃん」「スザンヌ」「イチロー」「りょうくん」などの名前を付けています。

これも、赤城乳業流の〝遊び心〟ですが、名前を付けたことで、機械に愛着が湧きます。

「1号機の動きが悪い」というよりも、「あいちゃんが、今日はご機嫌ななめだ」と言ったほうが、工場の中の雰囲気がソフトになります。

機械の名前は、みんなが聞きなれていて、呼びやすいものにしています。

「どこかで聞いたことがある」「名前を聞くだけで、なんとなく、イメージが湧きやすい」

WANI BOOKOUT 豪華連載陣一覧！

LIFE STYLE

三尋木 奈保

ファッションエディター

大人気エディター三尋木奈保さんが綴る、最高のお酒と食の楽しみかた。

本多 さおり

整理収納アドバイザー

素敵なホテル探訪を愛する本多さおりさんがおすすめのホテルをご紹介。

神田 恵実

nanadecor ディレクター

超忙の日々でもできる、ちょいマクロビな簡単ヘルシーごはんの作りかた。

井上 裕美子

フードスタイリスト

旬の食材を使ったお手軽レシピをご紹介。いつもの食卓に彩りを。

森田 敦子

フィトテラピスト

植物療法の第一人者が伝える、体調を整えるのに役立つ「植物の力」。

ウツノアイ

ファッションエディター

ジュエリーデザイナーでもあるアイさんがお届けする日々のおしゃれ通信。

寺澤 ゆりえ

イラストレーター

ファッション誌を中心に活躍する寺澤さんが描く「街のオシャレさん」。

YURI

ライター＆舞台演出家

双子の男児を育てる大変さ＆楽しさ満載の日記。育児のお役立ち情報も！

CULTURE & ENTERTAINMENT

DJ あおい

辛口映画コラム

フォロワー計 33 万人！ 大人気恋愛アドバイザーが挑む、初の映画評論。

STUDY

ゆるっと漫画

Twitter で大人気のウサギさんが教える、クスッと笑える大人のたしなみ。

クスドフトシ

一日一善ならできる

しあわせコラム

幸せになるとっておきの方法、それは…他の誰かを"笑顔"にすること。

山田 玲司

恋愛指導 BAR

"モテ"の絶対理論を確立した漫画家による「超実用的恋愛ストーリー」。

村松 奈美

恋愛心理学

結婚、浮気……恋愛の悩みを解決するヒントは心理学にありました。

印南 敦史

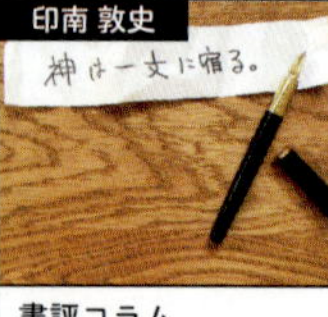

書評コラム

「ライフハッカー」でも人気の書評家が、数多の本から見つけた"神の一文"。

ワニブックス公式 LINE スタンプ完成！

STUDY × ワニブックス

ほうが、愛着も湧きやすいからです。

ネーミングは、商品に魂を吹き込むのと同じです。どんなにいい商品であっても、名前次第でヒットしない場合もありますので、妥協せずに考えたいものです。

20

失敗を引きずらないコツは、すぐに目の前の仕事に取り掛かること

『ガリガリ君』はありがたいことに大ロングセラーとなっています。まちがいなく、成功した大ヒット作といえます。ですが、その前後に数々の失敗をしてきました。

でも、失敗こそ、新製品の生みの親。どんどん失敗してほしいと思います。

赤城乳業は、「どんどん失敗をしろ、失敗をおそれるな」という社風があります。

一般的な会社の場合は、「失敗しろ」とは言っても、実際に失敗をすると、責任を取らされて、ほかの部署に回されたり、降格になったりして、事実上、「失敗は許されない」場合がほとんどでしょう。

ですが、赤城乳業では、社長も上層部もみな本気で「失敗しろ」と言います。失敗を恐れていると、おもいきったチャレンジができず、新しいものは生まれてこないからです。


特に入社して数年は失敗ばかりします。失敗して当たり前です。

失敗したら、怒られますから、落ち込むでしょう。その時、反省は必要ですが、引きずらないこと。引きずっていたら、前に進めません。反省して、落ち込むだけ落ち込んだら、パッと忘れて、目の前の仕事に集中しましょう。

私も入社した当時は失敗の連続。思い出したくない過去がたくさんあります。お恥ずかしい限りですが、どんな失敗作があったのか、少しお話ししましょう。

大きな失敗は、入社して2〜3年目。商品開発部にいて、前会長から、『マロニガ（MARONIGA）』というカップアイスの開発を任されました。

ちなみに、『マロニガ』は、ローマ字を入れ替えると、あるライバル会社の名前になります。そう、MORINAGAさんです。どういう経緯でこの名を付けたのか、今となっては忘れましたが、私が入社した頃から、〝遊び心〟がある会社だったのです。

『マロニガ』は乳脂肪の多いアイスクリームで、テストで作ってみると、とてもおいしくできあがりました。

「これはいいね」

と前会長に褒めてもらい、『マロニガ』製造のための専用の充填機を買ってもらいました。

カップにアイスクリームを入れる機械です。当時として最新鋭の設備でしたが、現在のようにパソコンで制御するのではなく手動でした。昔のことですから、安全のための工夫がされておらず、きちんと順番通りにボタンを押さないと、正しく動かない機械でした。

ある日、工場で『マロニガ』の製造を手伝っていた私は、あろうことか、うっかり操作の順番を間違えてしまいました。すると、どこからか大きな圧力がかかってしまい、とんでもない大きな音がしました。びっくりして、音のなる方を見ると、充填機がふにゃりと曲がってしまっていました。買ったばかりなのに再起不能なまでに壊してしまいました。

ご想像の通り、**上司から烈火のごとく怒られました。**

その次の開発を任されたのは、『ブラジル』というコーヒー味のバータイプのアイスです。最初、コーヒーのフレーバーだけで作ったところ、ほとんど売れませんでした。アイデアでミルクを加えて作るようにしたら、売れるようになりました。

そのあとに開発した商品もなかなか売れませんでした。

上司からは、

「鈴木、はっきり言うけど、お前の作るアイスはまったく売れないな」

と何度も言われました。

入社して15年が経ち、中堅といわれる年代になっても失敗はしました。

1984年、私は『**ラーメンアイス**』の開発に関わりました。これはヒットしました。見た目はラーメンそっくり。ゼリーでメンマを作って、本物の乾燥ナルトを採用するなど具材にも凝りました。テレビＣＭの効果もあり、「子どもたちがコンビニの前で商品が入るのを待っている」といわれるほど人気が出ました。

気をよくして、今度は**『カレーアイス』**を作りました。こちらも、見た目はカレーライスそっくりです。ライスはバニラで、カレーに似せたチョコソースをかけ、具にはマシュマロを使いました。しかも、甘口と中甘の２種類を用意。結構いけると思いましたが、まったく売れずに大失敗に終わりました。

商品開発には、本当に失敗はつきもので、ここだけの話ですが、私は、商品開発部にいた数年間で、だいたい１０００案くらいアイスの企画を出しました。社内でヒット商品と呼ばれるものになったのは、そのうちの30数個です。**１０００案中９７０案が失敗**ということです。

でも、失敗を恐れずに挑戦してきたからこそ、『ガリガリ君』が誕生したのです。

赤城乳業自体でも失敗作はたくさんあります。、犬用アイスを出したり、『ガリガリ君』

が変身した『シャリシャリ君』というアイスもありましたが、これもまったく売れず、1億円の損失。

最近でいえば、**『ガリガリ君リッチ　ナポリタン味』**というアイスを出しました。「ピーマンの苦みがあって、ナポリタンを表現できた」と開発担当者は誇らしげでしたが、本人も認めるほど味がマズくて売れず、最終的に320万本以上売れ残り、3億円の赤字になりました。このように、失敗に終わった商品は、数知れずあります。

失敗ばかりして、いつも怒られていましたけれど、会社を辞めようと思ったことはありませんでした。怒られた時は、その日はどっぷり落ち込みましたが、翌朝は、「次は注意しよう」と、すぐに次の開発に取り掛かっていました。

引きずらないコツは、反省したら、すぐに目の前の仕事に取り掛かることです。

開発でやってしまった失敗は、開発で返すしかない。

仕事での失敗は、仕事で返すしかないのですから、落ち込み続けている暇はないのです。失敗は失敗だけれど、ぐっと落ち込むだけ落ち込んだら、気持ちを切り替えて、「次へ行こう、次へ」と思うようにしましょう。

21

とにかく前向きに、前向きに、進む

仕事の失敗は仕事で返すしかないと言いました。そのためには、失敗をした時に反省して、「なぜ、失敗したのかな」と原因を考え、改善できる点は改善するようにするといいでしょう。

いわゆる「PDCAサイクル」を回すことです。PDCAサイクルについては、ビジネスパーソンの方々は、もうすっかりおなじみかもしれませんが、とても大切なことですし、高校生の方は、聞きなれない言葉かもしれませんので、少し説明しておきます。

PDCAサイクルとは、製造の現場などでよく使われる業務の改善方法です。

Plan（計画）→Do（実行）→Check（評価）→Act（改善）

の4つのステップを繰り返すことで業務を改善していきます。

このPDCAサイクルを繰り返していくうちに、仕事の精度や効率が上がっていきます。

先ほどお話しした、『ブラジル』というアイスの商品開発と同時に、私は『小豆バー』の開発もしていました。

当時、前会長が作った『おぐらす』という小豆の丸型の棒アイスがあったのですが、ある時期から売れなくなってきたので、『おぐらす』を四角い棒のアイスで作って『小豆バー』として売るように言われました。

『おぐらす』は、こしあんのアイスでしたが、私なりに工夫して、小豆の量を多くした、粒あんの『小豆バー』を開発し、前会長に試食してもらうために持っていきました。

前会長は、天才的な味覚感覚の人でしたから、味をみてもらいたかったのです。

「できました！」といって渡すと、前会長は一口食べて、

「うん、わかった」

と、ひとこと言うと、**窓の外にバーンと放り投げました。**

口にこそ出しませんでしたが、「こんなものはダメだ」という前会長なりの意思表示だったのだと思います。「なんでダメだったんだろう」と考えてもう一度食べてみると、ちょっと堅い感じがしました。そこで、ほんの少しだけ柔らかくする工夫をして作り直し、また前会長のところに持っていったら、今度は「まあ、いいだろう」ということになりました。

発売すると、なんと、爆発的に売れました。製造が間に合わなくて、24時間工場を稼働

して、私も応援にかけつけて、ばんばん『小豆バー』を作りました。

今でこそ、小豆のアイスはほかのメーカーからも出ていますが、当時はまだ他社になく、『小豆バー』は小豆アイスの走りだったと思います。

『小豆バー』は、PDCAサイクルを回して成功できたアイスです。

- Plan（計画）……小豆の量を多くした『小豆バー』を作ろう！
  ↓
- Do（実行）……試作品を作る。
  ↓
- Check（評価）……前会長のチェックを受ける。
  ↓
- Act（改善）……ダメだったところをあぶりだし改善。
  結果として爆発的に売れた！

ちょっと失敗したり、怒られたりしても、ふてくされないで、「なんでダメだったんだろう」と一度、商品や自分と向き合ってみることはとても大事です。あきらめないで、「あと少しだけ工夫してみる」姿勢が大切です。

「あとちょっとでだいぶ良くなる」ということがあります。あきらめないで、「あと少しだけ工夫してみる」姿勢が大切です。

よく言われることですが、成功体験を積み重ねていくと、仕事はどんどん面白くなります。成功体験を重ねたいなら、失敗しても、失敗しても、立ち上がってチャレンジすることです。私は文句もいっぱい言われましたが、開発の仕事が面白くて、面白くて、仕方がなかったです。

それに、**失敗は「赤字」というマイナスだけではなく、時には、プラスを会社にもたらす**ことがあります。大失敗して、話題になることで、注目が集まる場合があるのです。

既述した**『ガリガリ君リッチ　ナポリタン味』の失敗については、テレビ番組で大々的に取り上げられました。**これによって、赤城乳業や『ガリガリ君』が取り上げられたことで、失敗によって赤字になってしまった3億円以上の広告効果があったと思っています。

『ガリガリ君』シリーズは、今、2か月に一度の割合で新商品（新フレーバー）を出していますが、これは打ち上げ花火だと思います。いくら人気のある定番商品でも、ずっと販売していると、やがて、売上が下がってきます。下がってくる前に、話題を集めるような花火を打ち上げると、たとえ、それがヒットしなかったとしても、みなさんに「あ、そういえば、『ガリガリ君』最近、食べてないな。たまには買おうかな」と思っていただければ、それでひとつの成功なのです。ナポリタン味も実際、売上的には失敗ですが、広告効果としては大成功をしたわけです。どんな物事にも二面性があることを知っておいたほうがいいでしょう。

何しろ、前向きに、前向きに、明るく進むことです。

眉間にしわ寄せて「また失敗するんじゃないか」と思いながらやっていると、だいたい失敗します。

「思考は現実化する」といわれていますが、その通りで、失敗するかもと思考すると、失敗してしまうものです。

また、「失敗するんじゃないか」という思考にとらわれて、心が入らなくなります。

私は音楽をやっていますが、演奏会の前になると、みんな「失敗したらどうしよう」と眉間にしわを寄せ始めます。

でも、完璧な演奏は機械に任せればいいわけで、一生懸命やったり、「いい演奏をしたい」という思いを込めれば、人を感動させることができるのです。

するとと、演奏会は必ず成功します。

大切なのは「思い」です。

商品開発でも大切なのは、「アイスを食べて喜んでいただきたい」という思いであり、一生懸命さです。眉間にしわを寄せていると、そういう気持ちが生まれてこなくなってしまいます。だから、「失敗するかも」という気持ちは、できるだけ持たないようにして仕事に取り組みましょう。

第3章 仕事を楽しくする極意

22

「情報が集まる人」になると仕事がさくさくと猛スピードで進む

仕事を楽しんだり、ヒット商品を作ったりするのに必要なのは**「情報が集まる人」になること**です。

「何が今、流行っているか」
「競合他社はどういう方向に動こうとしているのか」
「お客様のニーズは何か」
「新しい素材にはどんなものがあるのか」
「最新鋭の工場はどんな技術があるのか」

など、商品開発に必要な情報はたくさんあると思います。こうした**情報をできるだけ早く、たくさん集められる人になると、仕事や商品開発がスピードアップします。**

そして、仕事や商品開発のスピードがアップすると、仕事は思いのほか楽しくなってきます。

情報源にはいろいろありますが、鮮度が高いのは、信頼できる人からの情報です。

新聞は基本的に終わったことを取材して取り上げますが、人からの情報は進行形の場合が多いのです。新聞に出る半年、あるいは1年前からコトは動いています。

極端な例でいえば、車の部品を作っている人にとって、「新しい車が販売されました」という新聞の情報を見て「そうだったのか」とわかっても遅い。

その車の開発の前段階で、キャッチしないと、部品を売り込むことはできません。

自分ひとりで集めた情報には限りがありますが、**10人から情報を集めれば、情報量が10倍になります。**しかも、信頼している人の頭を通過して出てきた情報ですから、精査もされています。

私もいろいろな人に情報をいただきながら、ピンチを切り抜けてきました。

赤城乳業では、コンビニへのアイスの展開が一段落すると、今度はスーパーマーケットに参入することを決めました。

ところが、スーパーマーケットでは、経費の問題上、マルチパックといわれる多数包装の商品にしないと、なかなか採算が合いません。そこで、7本入り『ガリガリ君』のマルチパックを作ることになりました。

他社のマルチパックの場合、6本入りが多いのですが、**私は『ガリガリ君』を一週間毎**

日食べてほしいと思ったので、7本入りにこだわりました。

このマルチパックを作るには量産する体制を整える必要がありました。

しかし、それまで使っていた機械では量産が難しく、どうすればいいか、頭を抱えていました。すると、いろいろな人が、アイデアを持ってきてくれました。

そのひとりが、アイスの製造機器の型を作る人でした。

「鈴木さん、最近、高炉の中で溶接する、『ろう付け溶接』というすごい方法が開発された。これまでの方法では、アイスの型（モールド）と型の間は、どうしても2センチになっていたけれど、もっと短くできますよ」と教えてくれました。

製造部門からは、「型の間が短いと固まらないのではないか」という声も出ましたが、試しに20本だけ最新の型で作ってみました。

すると、きちんと凍結しました。

最新の型を使うと、型同士の間を詰めることができましたので、12列入っていたスペースに24列入れることができました。単純に、それまでは1時間で1万2000本しかできなかったものが、2万4000本できるようになったのです。

量産体制が整い、スーパーマーケットへの参入を果たすことができました。

この設備投資もかなりコストがかかりましたので、売れなかったら、辞表を出す覚悟でした。

ふたを開けてみると、「7本入り」は、かなりお得に見えたのでしょう。バカ売れして、翌年には2号機を作りました。だからクビにもならず、何とか今につながっています。

では、**どうすれば、情報が集まる人になれるのでしょうか。**簡単です。

普段から、人が持ってきた話をよく聞けばいい。忙しい時でも、人が話をしに来たら、手を止めて**「何か、あった？」と耳を傾ける。**たとえ、知っている情報だったとしても「教えてくれて、ありがとう」とお礼を言っておく。

そうすれば、相手は「この人はちゃんと話を聞いてくれる人だ」と思い、次も話を持ってきてくれます。

逆に、せっかく話を持ってきてくれたのに「今、ちょっと忙しいから、あとでね」とか、「そんなのとっくに知ってたよ」と言って、軽くあしらってしまうと、相手は「もう、二度と持っていかない」と思ってしまいます。

残念ながら、同期入社で一緒にスタートしたのに、数年で、「仕事がうまくできる人」「できない人」の差が出ます。この差はどうしてできるのか。まさに「人の話を聞く」か「聞かない」かが生み出しています。

ひとりの人間の情報量にはどうしても限りがある。だから人から情報をもらう。どんな人が有益な情報を持ってきてくれるかわかりませんから、**いろいろな人の声に耳を傾けるようにすること**です。

赤城乳業の前社長井上秀樹も人の話をよく聞きます。

相手が社員であっても、誰であっても、途中で相手の言葉を遮るということはありません。よく聞くから、社員も自由に意見を言う。前社長だけではありません。

赤城乳業には、若い社員が自由に話をする風土が根付いています。だから、活発に議論がなされ、そこから**奇抜なアイデア**が生まれているのでしょう。

23

鮮度の高い情報を得るコツは「オウム返し」「昼食抜き」「お土産作戦」

上手に情報を聞き出したい時のコツは3つあります。

ひとつは「オウム返し」。

テレビ番組を見ていて「話を聞くのが上手だな」と思うアナウンサーは、たいていオウム返しをしています。

話し手　「犬を飼っているんですよ」
アナウンサー「犬を飼っているんですか」
話し手　「2匹いるんですよ」
アナウンサー「2匹ですか」

といった感じ。話の間に「そうなんですか？」とは聞きません。

私も経験があるのですが、オウム返しをされると、聞いてもらえている安心感があるのか、次々と話をしたくなります。話がどんどんはずみます。

2つ目は、私が普段から気を付けていることですが、「お昼ご飯を軽く済ませる」こと。

あるいは食べず、「昼食抜き」にすることもあります。

お腹いっぱいに食べてしまうと、私はどうしても眠気が襲ってきて、話に集中できなくなります。会議でも、人との打ち合わせでも同じですが、眠気をがまんしながら話を聞くのは、相手に対して失礼だと思っています。

できるだけ頭がすっきりとした状態で耳を傾けるために、食事に気を付けています。

お客様がいらした時に、明るく「待ってたぜ！」という表情で迎えると、相手は喜んで話をしてくれます。

何よりも、**自分がすっきりした状態でいることは、相手を迎える時の礼儀**だと思っています。人と会う時に、清潔な洋服を身に付けるようにしている人は多いと思いますが、**頭の中をクリアにしておくこと**もマナーのひとつです。

食後の眠気は個人差があると思いますので、思い当たる人は、気を付けたほうがいいでしょう。

3つ目のコツは、**来た相手を手ぶらでは帰さない**こと。「お土産を持たせてあげる」ことです。お土産といっても、モノではありません。情報です。こちらからも小出しに、社外に出してもいい情報を提供してあげるのです。

ただし、情報ならなんでもいいわけではありません。営業の人は帰社したら、たいてい日報を書かなければいけませんから、そこに書けそうな「有益」かつ「最新」の情報を持たせてあげましょう。

たとえば、もし、香料メーカーの営業の人でしたら、「今度の10月に○○味のアイスを販売する予定がある」と教えてあげれば、その営業担当者は「赤城乳業訪問。10月に○○味のアイス販売予定とのこと。○○のフレーバー受注の可能性あり」といったことが日報に書けます。そうすれば、営業の人の顔が立ちますから喜んでくれる。

「鈴木さんのところに行くと、うるさいけど社内の情報がもらえる」とまた訪ねてきて、向こうの情報を持ってきてくれます。聞けば、たいていどんどん話をしてくれます。

相手の立場を慮(おもんぱか)って情報を提供してあげることが、情報を集めるコツのひとつなのです。

24

情報をくれる人がどんどん集まる人脈構築術

「情報が集まる人になることが大切」と書きましたが、情報を集めたいのであれば、最新情報をくれる人脈を構築していく必要があります。

若いうちから人脈作りは必要ですが、役職が上がっていくと、重要度が増していきます。特に経営側になると、会社の将来を考えていく立場になりますから、ますます新しい情報を得る必要が出てきます。

私が常務だった頃は、**情報を得るために、関連する各業界に3人ずつ情報をもらえる人脈を作りました。**たとえば、原料素材メーカーに3人、香料メーカーに3人、容器メーカーに3人、商社に3人といった具合です。なぜ3人かといえば、ひとりだと情報が間違っている可能性があるからです。

3人聞いて、3人とも同じことを言えば、情報の精度が高いということになります。

私の場合、職種としては、**基礎研究をしている人は特に大切にお付き合いをする**ようにしました。この人たちは未来に対する研究をしているわけですから、もっとも新しい最先端の情報が入ってきます。

たとえば、一時期、「グレープフルーツの香りで痩せる」といった痩身術が流行りましたが、もし、そういった情報を研究段階からいち早く入手できれば、誰よりも早く商品に取り込むことができ、**ブームに乗って爆売れの商品を作ることができる**わけです。

同業のアイスクリームメーカーの人ともネットワークがありました。技術的にわからないことを聞いて、教えてもらったこともあります。

もちろん、社外秘の情報は教えてもらえませんが、ライバル会社の人でも、質問すれば、答えられる範囲で教えてくれます。業界自体を盛り上げなければいけませんから、ある程度の情報交換はできます。

それから、公務員や銀行の方とのネットワークも欠かせませんでした。公務員ほど大きな組織に属す人はいませんから、話を聞いて組織を作る参考にさせてもらいました。銀行員からは、給与体系を勉強させていただきました。

ほしい情報を持っている人が見つからない時は、人脈の広い人のところに行き、率直に「○○について、知っている人を紹介していただけませんか」と頭を下げて頼んでいました。

頼み事をすると、人は意外と喜んで協力してくれるものです。

紹介の紹介なども含め、情報を持っている人にたどり着いたことはよくありました。

「頭を下げる」のを嫌がり、知らないのに、知ったかぶりをする人がいます。ですが、知ったかぶりは、失敗の元。知りたいことがあるなら、謙虚になって、自分から頭を下げてでも取りにいくようにしましょう。

ふんぞり返って待っているだけでは、情報は歩いてきません。

「頭を下げる」謙虚な姿勢が大切だと思います。

25

仕事がぐんぐん楽しくなるのは、「今の自分」と違う「新しい自分」と出会った時

ヒット商品を生むには、心から「仕事を楽しむ」ことです。私も商品開発をしていた頃は、苦しみがいっぱいあった一方で、仕事が楽しくて楽しくて仕方ありませんでした。仕事がつまらないと思ってやっていると、つまらない商品しか生まれません。

仕事を楽しむコツは、3つあると考えています。

1つ目は、**「常に新しいことにチャレンジすること」**です。

世の中でいちばん楽しいと思うのは、知らなかった新しい自分に出会うことです。「あっ、こんな面が自分にあったんだ」という気づきです。

学生時代は、親や先生、周りから、「お前はこういう人間だ」と言われ、それをうのみにしていつの間にか枠を作っています。けれど、社会に出ると、要求されるものがまるで違うため、思っていた自分の枠から、どんどんはみ出ていきます。

たとえば、大学時代は、朝がとても苦手で、いつも遅刻魔だったとします。「私は朝が苦手」と自分にレッテルを張ります。学校も多少の遅刻なら許してもらえたでしょうから、遅刻の癖はなかなか直らない。

ですが、社会に出ると、遅刻は絶対に許されません。就業規則等で厳しく管理されている会社がほとんどのはず。時間を守るのは社会の掟といってもいい。

遅刻魔だった人は、社会人になるとどうなるか。不思議なことに、だいたい遅刻せずに会社に行けるようになります。ささいなことですが、今までと違う「早起きできる自分」と出会えて、「なんだ、やればできるじゃない」とちょっとうれしくなります。

新しい自分に出会えるのは、これまでと違う、新しいことに挑戦した時です。会社で常に新しいことに挑戦していると、知らなかった自分に出会えることも多く、**楽しい時間が多くなります。**しかも、お給料としてお金までもらえる。会社はすばらしいところです。

もちろん、仕事以外でのチャレンジでもいいでしょう。私は社会人になってから、麻雀とゴルフを始めました。麻雀というゲームに没頭すると、脳のそれまで使ったことのなかった部分が動き始めた気がして、うれしかったものです。

人生はある意味、自分探しの旅だと思っています。他人との出会いも楽しいけれど、自分自身との出会いもまた楽しいのです。

仕事を楽しむコツの2つ目は、**常識を真逆に考えてみる**こと。

子どもの頃、大人たちから「テレビを見ながらごはんを食べちゃいけない」「音楽を聞きながら勉強をしちゃいけない」「茶髪はダメで黒髪がいい」と言われた人は多いかもしれません。いわゆる常識です。でも、この**常識を真逆に考えてみると、意外と面白い発見と出会ったりします。**

「本を見ながらお菓子を食べるのはお行儀悪い」というかつての常識を打ち破り、「本を見ながら食べられるアイスがあったら子どもが喜ぶんじゃないか」という発想で生まれたのが『ガリガリ君』です。

「今日の常識が明日の非常識」になっていることは、世の中にいくらでもあります。

昔は年功序列が当たり前でしたが、今は能力主義です。経済が右肩上がりの時代は年功序列が許されたけれど、景気が厳しくなって、お金がなくなってくると、見えなかった問題が明るみになってきました。少し厳しい言い方をすれば、**「年を重ねたからといって、仕事ができるわけではない」**ということがわかってきてしまったのです。

また、かつては、買い手にとって、対面販売がいちばんいいと言われてきましたが、ネット販売が急激に伸びてきています。ものを大切にしていた時代から、使い捨ての時代にもなっています。

今、目の前にある常識も、**「もしかしたら、これは非常識になるかもしれない」**と疑ってみてください。もしかしたら、そこに新商品のヒントがあるかもしれません。

3つ目は、**誰かが喜んでくれる姿を想像する**こと。

私は、たとえば、『ガリガリ君』の商品開発をする時には、『ガリガリ君』を食べてよかったと喜んでくれる子どもたちの顔や、『ガリガリ君』が売れてよかったと喜んでくれるコンビニの店長やオーナーの方々の顔、一緒に製造している香料メーカーの方々の顔などを想像しながら、開発をしていました。

それから、最前線で商品開発をやっていた頃は自分の子どもも小さかったので、「娘たちが安心して笑顔で食べられるのはどんなアイスだろう」と想像していました。

すると、がぜんやる気が湧いてきて、仕事は本当に楽しくなりました。

「あの人の喜ぶ顔が見たい」という気持ちをいつも持つことで、いやだった目の前の仕事も楽しくなると思います。もちろん、会社や仕事関係の人たちだけでなく、自分の家族の喜ぶ顔でもいいと思います。
みなさんが、見るといちばん元気が出る人の顔を想像してみましょう。

26

「今日はひとつ学ぼう。何とかなるさ」のひとことが、苦しい心を軽くする

「今日、この仕事をやるのいやだな」と思うことは、誰でもあると思います。ですが、そう思った瞬間に自分に負けていますし、仕事にも負けています。残念ながら、いい仕事はできません。

「今日は昨日と同じ仕事だから、昨日と同じように流していけばいいや」と思った瞬間に、成長は止まり、好きな言葉ではありませんが、「負け組」に入ることになります。

「仕事で負けないようにする」「成長する」ための方法は意外と難しくありません。

毎日ひとつでいいから、仕事から何かを学ぼうとすることです。

「学ぶ」ということは、「身に付ける」ことですから、自分にとって得になります。得だと思えば楽しくなります。そして、楽しい気持ちで仕事と向き合うと、「何とかなる」ものです。

「仕事やるのいやだな」と思う代わりに「今日はひとつ学ぼう。何とかなるさ」とつぶやくだけでも、心が軽くなります。

私は今でも「仕事がいやだな」と思ってしまうことがあります。

最近では、クレーム対応を頼まれた時でした。

「明日、クレームの対応に行くのいやだな」と思ってしまいます。どちらかといえば私は、「うまくまとまらなかったら、どうしよう」と一晩中悩んでしまうタイプです。

ですが、朝になったら、「なるようになれ。何とかなるさ」と気持ちを切り替え、覚悟を決めることにしています。そして、「クレームから、何かひとつ学んでこよう」という気持ちで向き合います。

「何かひとつ学んでこよう」と思っていると、**気持ちが前向きですから、クレームの対応もうまくいきます。**

ここで、クレームの上手な対応や生かし方に触れておきます。

まず、大前提として、赤城乳業では、「クレーム処理」とは絶対に言いません。「クレーム対応」と言います。「処理」と言った途端に、事務的にどんどんさばいていくイメージがありますし、まるで他人事のように感じられます。

クレームは、事務的に「処理」するものではなく、心を込めて、「対応」すべきことなのです。

クレーム対応の基本は、落ち着いて相手の話をよく聞くことです。相手が落ち着いてきたところで、「申しわけございませんでした」と謝ります。

その間、こちらは自己主張をしません。**クレームは会社のファンになっていただく大きなチャンス**です。そもそも、普通は気に入らないことがあっても、なかなか言ってはくれません。何も言わないで、赤城乳業から離れていってしまいます。

それに、落ち度が放置されるわけですから、傷口が広がることになります。

ですから、クレームを言ってくださった方の話は、本当によく聞いて、慎重に対応をしていきます。

クレームの対応には、たいていの場合、大きな学びがあります。

クレーム対応のいちばんいい点は、相手を赤城乳業のファンにできる最高のチャンスをもらえることだと思っています。

27

仕事は総力戦。
良い仕事がしたかったら
全体をうまく巻き込め

大勢で仕事をする上でもっとも大切なものは、何でしょう？

社員同士の強い絆です。そして、絆を強めるために不可欠なのが、相手に対して関心を持つことです。マザー・テレサは、「愛」の反対語を「無関心」と言ったといわれます（別人の言葉とする説もあります）。組織で仕事をする時に、排除すべきは、この「無関心」であり、持ち続けるべきは「関心」です。


当たり前のことですが、**『ガリガリ君』はひとりでは作れません。**

大勢の人が関わって作られています。購買部や製造部はもちろん、会社全体をきちんと巻き込んでいかなければ、商品はできません。

ほかの仕事でも、同様でしょう。多くの人が関わって、会社はハードやソフトを作ったり、サービスを提供したりしています。

ですから、隣の席の人だけじゃなくて、隣の部署など、仕事に関わるあらゆる人と絆を深め、協力体制を整えていく必要があります。

みんなで何かを作っていく時に、考えなければいけないポイントは「４つ」あります。

1つ目は、前の工程の人は、次の工程の人の仕事がやりやすいようにしてあげること。たとえば、アイスを作るのであれば、材料をきちんともれなく仕入れ、製造部に渡すということ。ひとつでも足りないものがあれば、製造部の人は作れませんから、とても困ります。きちんとそろえて、渡してあげれば、スムーズに製造に入れます。

2つ目は、次の工程の人は、前の工程の人から、渡されたものをどうすればいいか、よく聞くこと。どの材料を何キロ入れて、どういう方法で作ればいいかなど、細かく聞かないと、正確なものができあがりません。

3つ目は、「報告・連絡・相談（報・連・相）」をしっかりすること。**どんないいアイデアでも、急に言われると対応できません。**

「今度、こういうことをやりたいと考えているんですけれど、どう思いますか？」と事前に連絡したり、相談をしておくと、ものごとはスムーズに進んでいくものです。

もっとも大事なのが4つ目で、先ほどお話しした「相手に関心を持つ」ことです。

たとえば、なるべく早くアイスの試作品を作りたい、という時に、工場に対して、「何でもいいからなるべく早く作ってくれ」と頼んでも、相手は決して気持ちよく引き受けてはくれません。

こんな時はどうすればいいか。まずは、相手の状況を確認することです。

「今、どんな状況ですか？　何の仕事が忙しいのですか？」

相手に関心を持つことで、相手の状況を知ることができます。そして、次の段階で、

「私がお願いしたい仕事はいつまでならできそうですか？」

と聞く。それによって、コミュニケーションが円滑にできるようになります。

「相手に関心を持つ」ことは、前の工程の人と、後の工程の人とを結びつける「のりしろ」のようなものです。1枚の紙から封筒を作る時、つなぎ目に十分なのりしろがあると、丈夫な封筒ができます。しっかりつながるからです。**仕事には、お互いの心の「のりしろ」が必要なのです。**「相手に関心を持つ」ことによって、絆が深まり、仕上がりがまったく違ったものになっていくのです。


仕事を上手に進めるには、前の工程の人は、後の工程の人のことを考える。後の工程の人は、前の工程の人のことを考えること。

仕事は、人を巻き込んで総力戦でやるとうまくいくものです。人を巻き込んでいくための心構えとして、まずは「相手に関心を持つ」ことを忘れないようにしましょう。

第4章 どんな時も折れない心の持ち方

28

失敗したら
「誰にも未来予測はできない」と思い
成功したら
「自分は未来予測ができる」と思え

未来のことは誰にもわかりません。

情報をまとめながら仕事をしていると、先が見えたような気になることがあります。もちろん、当たることもあります。ですが、未来に行き着いてみるとたいていは違っています。

赤城乳業の人たちは、みんな、「このアイスは売れるだろう」と思って作っています。だけど、ふたを開けてみると、まったく売れない。よくあることです。

予想していたことがはずれると、「失敗だ」「自分は能力がない」と自分を責めたくなる気持ちになります。ですが、自分を責める必要はありません。代わりに、「自分には未来はわからなかった。しかし、ほかの誰にも未来はわからない。だから、しょうがない」

と自分に言えばいい。

逆に、**もし、成功したら、「自分は未来予測ができるのかも。すごい」**と胸を張ればいいのです。

大切なのは、**失敗した時に、自分で自分をかばう**ことです。

未来を心配するあまり、行動の一歩が踏み出せない場合があります。

「20世紀に生きた人が、私たちのやるべきことをすべてやってしまったから、もう自分たちにはやるべきことがない」

と言う若い人がいました。

それを聞いた時、大きなショックを受けました。

未来学者のアルビン・トフラーは、「過去の延長線上に未来はない」と言ったそうです。

過去と未来は切り離して考えていい。特に技術力に関しては、まだまだ無限に開発の余地はあります。通信もまだまだ速度の速いものが出てくるでしょうし、ロボットもどんどん進化している。私が開発に関わってきたアイスクリームにしても、いろいろな可能性を秘めていると思います。

だから、**行動の一歩が踏み出せない場合は、自分で未来について勝手に決めつけないほうがいい。**

未来のことはわからないのだからと、ゆったり構えることが大切です。

それから、未来に行き着いて「失敗」だったとしても、またチャレンジすることです。

取返しのつかない失敗をすることは、誰でもあります。そんな失敗をすると、自信をなくしてしまうけれど、「腹水盆に帰らず」です。

悪循環に入っていつまでも好循環にならない時もありますが、その時は、あきらめること。目の前の仕事を続けて、好循環になる時期を待つことです。

引きずらないでいやなことは捨ててしまう。

ただ、未来は予測不可能なことが起こるからといって、「未来」をまったく考えなくていいわけではありません。わからないなりに、現状の段階で、仮説を立てて、それに向かって準備をしていくことが求められます。

仮に「来年は冷夏になりそうだ」という予想が出ているとします。だとすれば、夏はアイスが売れないかもしれないから、「その前の冬にアイスを売ってしまおう」と作戦を立てられる。何もしないでいいわけではありません。

ドイツの神学者、マルティン・ルターの残した、

「たとえ明日世界が滅ぶとしても、私はリンゴの木を植えるだろう」

という有名な言葉があります。私もその通りだと思います。明日何が起ころうと、今を精一杯生きることが大切なのです。

29

行き詰まった状態をスッキリ解消する3つの方法

一定以上の成功を収めている人の中には、ときどき、長い休みを取る人がいます。たとえば、フィギュアスケートの浅田真央さんなどです。私なりに理由を考えると、ひとつは、「違うことをやってみたい」という思いが湧いてきた時、もうひとつは行き詰まった時に休みを取るのだと思います。

いくら成功している人でも、仕事に行き詰まることがあります。入社数年目の人ならなおさら、行き詰まりを感じることは多いでしょう。

仕事をしている中で行き詰まり、どうしようもなくなった時には、次の3つが有効だと思います。

1つ目は、**息抜きをすること。**趣味を持ち、仲間と興じるのは最高の息抜きになります。あるいは、旅行もいいでしょう。自然の中に身を置くと気持ちが切り替わります。**数時間でも、数日でも、職場や仕事から離れてみる**といいと思います。

たしか、40代の頃だったと思います。すごく仕事に行き詰まったことがありました。心の持っていき場をなくし、もやもやした気持ちのまま家にいることもできず、家からほど近い釜伏山という標高のあまり高くない山に、ひとりで出かけました。

気持ちのいい晴れた日で、上の方に行くと、ハイキングに来ていた若い2人づれの女性がいました。見ず知らずの2人とたわいもない話をしたあと、山の頂上で深呼吸をひとつしました。すると、ふっと体の力が抜けて楽になりました。

自然には人を癒す不思議な力があるのでしょう。あるいは、自分の環境をちょっとの間でも変えたことで、気持ちが変わったのかもしれません。

行き詰まった時の2つ目の解決法は、人に話すことです。

相手は、信頼のおける上司や先輩、あるいは家族でもいいでしょう。

「つらい」「大変」という自分の状況を開示してしまうのです。「会社の人には言いづらい」「みっともない」と躊躇（ちゅうちょ）してしまうかもしれませんが、思い切って話したほうがいいと思います。

会社は組織です。社内でうまくいっていない部下がいれば、うまくいくように善処するのは、上司や先輩のれっきとした仕事であり、役割です。うまく対処できずに、突っぱねるような上司や先輩だとすれば、そちらのほうが問題でしょう。

万一、聞いてもらえない場合は、もうひとつ上の役職の人に相談してみましょう。

最近は、国をあげて「女性の活躍を推進する社会にしよう」という動きがあります。女性男性に関係なく、能力の高い人はどんどん活躍してほしいと思います。ただ、講演に行くと、「希望していないのに、どんどん会社の中で昇進してしまって、部下をうまくマネジメントできない」という女性の声を聞くことがあります。

意に反しての昇進は気の毒です。

女性からそういう相談を受けた時は、上司に相談するようにアドバイスをしています。**「苦しい」「できません」と口に出しましょう。** それは甘えでも何でもなく、自分のせいではありません。あくまでも組織の問題です。

無理をすることはないし、問題をひとりで背負う必要はない。肩に背負っていた重い荷物は、下ろしてしまえば楽になります。どうしても背負わなければいけない荷物なら、疲れが取れたあとに、また背負えばいいではありませんか。

家族が近くにいれば、家族に話すのもいいと思います。

私は、長い間、家は家、仕事は仕事と思っていて、家に仕事は持ち込まない主義でした。

でも、ある時、「オレは何てバカだったんだろう」と気づきました。自分ひとりで働いているつもりになっていたけれど、妻の協力がなければ、仕事ができません。つまり、私と妻は「一緒に働いている」と考えることもできるわけです。そのことに気づいた頃、指揮者の小澤征爾氏が「家に帰ると、仕事の話をどんどんしている」と話しているのを耳にして「そうだよな」と思いました。それからは、家でもどんどん仕事の話をするようにしています。

妻は最大の助言者であり、理解者ですので、私の場合は妻に話をすることがいちばんの息抜きになります。

人に話すのは本当にいいことです。経営者であっても同じです。息詰まったら、誰かに相談したり、話したりするのが、いちばん早い解決方法です。

3つ目は、日常の中で、簡単にできる心の切り替え法です。「大声を出す」ことです。私は行き詰まると、ひとりで車を運転している時に大声を出します。畑の中を走っている時などに、少し恥ずかしいのですが、「バカヤロー！」と叫びます。自分に対して、「こんなこともできないのか、アホー！　いい加減にしろ」と怒鳴ります。

車の中でひとりで怒鳴っている分には誰も傷つけません。すると、不思議なことにすっきりします。体の中にたまっていたものが、発散されて、何かが振り切れます。

スポーツ選手は、スポーツ時に大声を出すことで、筋肉の出力をアップさせているといわれています。ご存じの方もいると思いますが、「シャウト効果」と言われ、論文もいろいろ出ています。

人は普段、100ある力を出し切らないようにロックされていて、一見100を出しているように見えても70~80%程度に抑えられているそうです。

声を出すことによって、ロックがはずれ、より大きな力が出るということです。

私も仕事上で、「ここぞ」という時にも、よく大声を出します。すると、力が湧き上がってくるのを感じます。

大声を出すことは、息詰まった気持ちを発散させると共に、力も湧き上がってくるという、両方の効果があるようです。

都心で生活していると、大声を出すのは難しいかもしれませんが、友人とカラオケに行って、発散したりするのもいいかもしれません。

とても簡単ですし、おすすめです。ぜひ、試してみてください。

30

エッジの立った商品にしたいなら原点に戻ってみる

仕事で袋小路に入ってしまったら「一度、原点に戻る」と、頭の中のもやもやがすっきりして、新しい道を見つけられることがあります。

たとえば、商品開発をする時は、どこの会社も、たいていは数名で会議をすると思います。会議ではいろいろなアイデアが出るでしょう。粗削りのとげとげしいアイデアや、「それ、本気?」といった、ちょっとふざけたようなアイデアが出ることもあるかもしれません。

ほとんどの会社が、そのひとつひとつに対して「ああだ」「こうだ」と言いながらみんなで企画をもんでいきます。すると何が起きると思いますか?

不思議なことに、**斬新だったアイデアがどんどん平凡なアイデアに変わっていく**のです。みんなでもめばもむほど、トゲが取れて丸くなり、誰でも考えつくような商品になってしまいます。挙句の果てに、会議は袋小路に迷い込みます。

「こんなどこにでもある商品、本当に売れるの?」と。

もちろん、売れません。

平凡な商品は、世の中に出しても驚きがないので、残念ながらヒット商品にはなりません。ですから、できれば、みんなで企画をもむことはしないほうがいい。**みんなで合意で商品開発をすると、私の経験上、100%失敗します。**

合意を得たい気持ちはわかります。組織が大きくなればなるほど、問題が起きないような答えを選びたくなる。ですが、資本主義の社会においては、相手に勝つ必要があります。相手に勝つには、エッジの立ったもの、もっといえば、鋭く尖った武器が必要です。

安全第一を考えて、角を切り落とした武器では勝つことはできない。この事態を避け、**人が驚くような奇抜なヒット商品を出したいのなら、合意制をやめて、2人くらいでチームを作って開発するのがベスト**だと思います。

もし、どうしても合意が必要で、会議中に企画が丸くなってきてしまったと感じた時、あるいは、開発途中で方向性を修正している最中に迷いが生じてきた時には、「そもそもどういう企画だったのか」という原点に戻りましょう。

やっぱり、もともとの案（=原点）が良かった、ということはよくあります。

企画の発案者は、「本当に売れるの？」と社内会議で突っ込まれた時のために、その商品の開発の原点に関して、最大の「フック」を明確に考えておくことです。

フックとは、「お客様にとってのメリット（の表現）」といってもいいかもしれません。

「これがお客様のメリットですから、売れる自信があります！」

と言われれば、周囲も首を横に振りづらいものです。

『ガリガリ君リッチ　コーンポタージュ』であれば、**「えっ、アイスなのに、ホットが常識のコーンポタージュ味なの？」**という意外性がフックになります。お客様も「おもしろい」と思って買ってくださいます。


ただ、商品開発の会議でも、食品関係の場合、話し合いが必要なケースもあります。味の確認です。味覚は人によって違いがありますので、できだけ多くの人が「おいしい」と感じるものを商品化したほうがいいわけです。

それ以外の点については、「合意を取らない」「迷ったら原点に戻る」と決めておくとヒット商品誕生につながりやすいと思います。

31

魔法の言葉「そもそも」を使うと仕事のやる気がぐんぐん湧いてくる

心の持ち方でも「原点に返る」ことは大事です。仕事に悩んだ時に、

「そもそも、なんのためにこの会社に入ったのか」

「そもそも、なんで私は働くのか」

「そもそも、なんのためにアイスを作っているんだろう」

と、**「そもそも」に立ち戻ってみると、悩みから解放される**ことがあります。新入社員でも、ベテラン社員でも同じです。

私の若い頃だったら、「アイスを食べる子どもたちの笑顔が見たい」と思えば、苦しい時期も乗り越えることができました。

みなさんも、ときどき、原点に戻って「そもそも」を考えてみると、抱えている荷物が軽くなるかもしれません。


ある人から、こんな相談を受けたことがあります。

「商品開発の部署に回された。自分はアイデアがあまり生まれてこないタイプなのに、なんで開発に回されたんだろうか。本当にやりたくないんです」と。

私は、「そんなことを考えるよりも、むしろ、『開発をやる理由』はないかを考えてみて

ほしい」と伝えました。

会社は組織ですから、いったん配属になったのなら、そこでできる限り頑張ってみるしかありません。私は、3年は頑張ってみたほうがいいと思っています。

3年くらいしないと、仕事は見えてきません。

仕事がよくわからないのに、最初から「やりたくない理由」を探しても意味がないと思いませんか？　開発の仕事がますますきらいになるばかりでしょう。

それよりもむしろ、**「やる理由」を探してみるほうが建設的**です。

その人は、アイスの業界ではありませんでしたが、たとえば、アイスの開発であれば、「アイスを食べて少しでも子どもの喜ぶ顔が見たい」と考えてみる。

あるいは、「もっと、お金がほしいから」でもいいし、「家族のために」でもいい。

探せば「やる理由」はいくらでもあるでしょう。

ただ、基本的に若いうちは、**「自分のために仕事をやる」**姿勢を持ちましょう。

上司のため、会社のために、仕事はしないこと。

自分のためにに仕事をすることで自分が成長する。自分の成長があって、結果として会社が伸びる。そういう思いでやらなければ、仕事は長続きしません。

あらゆることは自分のためになります。

会社で納める数量を間違えて上司から怒られた。今度から間違えないようにしようと心に収め、「勉強になった」と思っていればいい。どんなことも、自分のためにと思っていると、前向きに取り組むことができるものです。

迷ったら、「自分は何のためにやっているのか」原点に戻りましょう。

32

「必ずできる」と自分を信じれば「できる」

「自分に自信がない」という人によく会います。

自信をつける簡単な方法は、繰り返し「できる」と口にすることです。

かつて、商品開発の途中で苦しくなり、それでもやりきらなければいけない場面に遭遇すると「絶対にできる！　絶対にできるよ」と自分に対しても、周囲に対しても口に出していました。

ある時、それを聞いた前社長に「鈴木、絶対なんてことは、この世の中にはないんだよ」と言われました。前社長の言う通りだと思ってはいましたが、自分を鼓舞したり、追い込むために、いつも「絶対できる」と言っていました。

すると、不思議なことに、**自分の中のロックがはずれて、自分でも信じられないくらい前に進むことができました。**

逆に「できない」と思ったら、その瞬間、うまくいかなくなって失敗していました。

「言霊（ことだま）」といわれているように、言葉には魂が宿っているのですから、「できる」と口にするとできるようになる気がします。

人はできない理由を最初に考えてしまいます。新しいことを始めようと思ってネットで調べてみると、「始める年齢が遅いとうまくいかない」と書いてあった。すると、もう「できない」とあきらめてしまう。

言い方は少し悪いかもしれませんが、それは、ひとつの甘えだと思います。

よく、「できる」「できる」「できる」と言っていると、脳が勝手に「できる答えを探しにいく」と聞きます。私は、それはあると思っています。

赤城乳業という会社は、大企業ではありません。猛暑の翌年など、冷夏になって、アイスクリームが売れなくなると、上層部が、「お金をかけないで、プロモーションをやってこい」と、無茶ぶりをすることがありました。

社員は頭をフル回転して、いろいろなことを考えます。

たしか、2005年の夏のことですが、子どもたちに向けた**「0円プロモーション」**をやりました。テーマは、「みんなの夏のすぐそばには、いつも『ガリガリ君』がいるよ」で、名付けて**「レインボー作戦」**。

スーパーの前にアイスストッカーを1台用意して、『ガリガリ君』全種類を入れ、子どもたちに、アイスクリーム売り場に集まってもらおうという作戦です。

Ice Creamの文字をひねって、「Ice Dream」と書いたボードを作り、『ガリガリ君』の着ぐるみを作って営業担当者に中に入ってもらい、アイスストッカーの前に立たせました。

すると、子どもたちがものすごく喜んで、「『ガリガリ君』と一緒に写真を撮りたい」と、行列ができました。もちろん、『ガリガリ君』もたくさん売れました。

着ぐるみの中に入っていた担当者は汗だく。「これ、1時間やってたら死んじゃいますよ」と弱音を吐きながらも、子どもたちは喜んでくれるし、アイスは売れたので、うれしそうでした。ほとんどお金はかからなかった上、プロモーションとして、大成功でした。

最初から「お金をかけないプロモーションなんかできない」と言ってしまえば、そこまで。**「できる」と口に出した瞬間に、できるための道筋がスタートする**ように思います。

自信がなく、「できない」と思われたことも、まずは、「できる」と口に出して最初の一歩を踏み出す。すると、実現のためのアイデアが浮かんできて、あとから自然と自信がついてくるのではないでしょうか。

33

努力、努力、努力。
その先には、必ず成功が待っている

前の章でも伝えましたが、仕事で必要なのは情報を取ることです。

いつも**心のどこかにアンテナを張る努力をしていないと情報は取れない**ものです。

また、常に努力をしていると自信になります。

「ここまでやっているんだから、俺は大丈夫」と。

努力をしないと、いつも不安だけが残ります。不安をかき消す最善の方法は努力です。大学に受かりたいなら、ＡＯ入試や推薦入学など以外は、勉強するしかありません。「落ちるかも」という不安をかき消すには努力しかないのです。スポーツ選手も、不安をなくすために練習に練習を重ねます。

努力、努力、努力。その先にしか成功はありません。

何もせずにうまくいくのは、宝くじが当たるよりも確率が低い。絶対にないと言ってもいいと思います。


では、どのくらい努力すればいいのでしょうか。

自分に対する評価は自分で決めるものですから、一概に「このくらい」とは言えません。

「一生懸命やっている」と自分自身で思える程度でいいと思います。

ただ、人によっては、ちょっと努力しただけでも、「今日はかなり頑張った」と評価することがあります。でも、周りから見ると、「いやいや、今の倍は頑張れるだろう」と見えてしまう。人はどうしても自分に対しての評価が甘くなりがちです。

もし、自分に対して評価が少し甘いと思うのなら、**自分自身に問う習慣をつける**といいと思います。「悔いのないほど努力したか」と。

人間は、ひとりの中に何通りもの人格を抱えています。

怠惰な自分もいれば、しっかりした自分もいます。だから、「明日までに書類を作らなければならないのに、遅くまで飲んでしまう」といった矛盾した行動をすることがある。

でも、しっかりした自分もいるわけですから、怠惰になりそうになったら、自分で自分に問いかけてみてください。

「自分は今、目の前のことをやらないで遊びに行っていいのか」

「目の前のことに全力を傾けなくていいのか」

「やるべきことをやりきったか」

問いかけ続けることで、昨日よりは今日、今日よりは明日、少しずつ努力の質も上がっていくと思います。

頑張るモチベーションを上げるためには、自分で報酬を決めるといいかもしれません。私の場合は、出張先で仕事がうまくいった時の帰りの新幹線は特急指定席を使い、うまくいかなかった時は、鈍行の自由席と決めていました。ささいなことですが、意外とモチベーションになり、頑張ろうと思えます。

メジャーリーガーのイチロー選手は、テレビのインタビューで次のような内容の話をしていました。

「精神状態が不安定な時は普段当たり前にやっているストレッチなどの準備をやりたくなくなる瞬間が訪れる。だけど、やらないと自分を支えてきた自分が崩壊してしまうし、自分を見てくれている人の思いを踏みにじることにもなる。だから頑張って続けた」と。

自分を評価するのも自分なら、頑張るのも自分。周囲の人の支えももちろん、力になると思いますが、最終的に**その支えを自分の中の力にするのも自分**なのです。

第5章 真のリーダーといわれるための心構え

34

「任せる」「託す」ができる人になろう

リーダーにとって大切なのは、部下に**「任せる」「託す」**ができること。

現場の仕事は自分ひとりではできません。部下に任せてやってもらうしかありません。部下に任せて、仕事を覚えさせ、腹心の部下に育てていく。その部下がまた腹心の部下を持ち、その部下もまた……、とつながっていくことで強い組織ができます。

特に理科系のリーダーは、「任せる」「託す」が苦手のように感じます。

自分が何もかもわかってしまうから、つい、手を出してしまう。

私がそうでした。マーケティングも、企画も、原価計算も、経理も、何でもひと通りのことをやってきたので、「これをやると、こうなる」と未来が見えてしまう。だから、つい、部下の話を遮って、「いや、こうすべきだ」と口を出したり、「私が取引相手に電話しておくから」と手を出したり、ひどい時は、一から十まですべて自分でやってしまうこともありました。

部下が横で見ていて仕事を覚えてくれればいいのですが、たいていは、萎縮（いしゅく）してしまい、「じゃあ、鈴木さん、お願いします」と言わんばかりに仕事から逃げてしまう。結果として、仕事を覚えないし、育たない。**最悪の場合は、辞めてしまうこともありました。**

自分の仕事も増える一方でした。

小さな会社の時は、どうしても自分でやらなければならない場面もあるでしょうが、300人を超える組織になったら、部下に「任せる」「託す」をする必要があると思っています。300人というのは、私の肌感覚で感じた数字です。

私は、自分が「やってはいけないことをやっている」と気づくまでに、ずいぶん時間がかかりました。自分がプレイヤーだったから、どうしても自分と同じレベルを相手に求めてしまい、その結果、口や手を出す。でも、振り返ってみると、自分もある程度の仕事ができるようになるまでに時間がかかったのですから、一朝一夕に仕事を覚えるのは無理なのです。

しかも、自分で考えて、考えて、やってきたから、仕事を覚えた。部下の仕事に口を出したり、手を出したりするのは、ある意味**「考える機会」を奪っている**ことにもなります。

部下を育てる時の「任せるポイント」は、5つあると思います。

1つ目は、**「一から十まですべて君に任せる。私は口出しをしないよ」**と、任せる幅を「すべて」にすること。中途半端に任せては意味がありません。

2つ目は、部下から意見を求められた時に、ヒントを提示したり、アドバイスをしてあげること。自分のアドバイスが最良だとは言わずに、**「こういうのはあってもいいかもね」「こういう考え方もあるよ」**と言って、選択権、決定権は部下にゆだねます。

3つ目は、**「やってみてごらん、責任は私が持つから」**と、責任の所在を明らかにすること。結果の責任を取るのは上司の仕事です。責任を取る覚悟がある上司にこそ、部下はついてきます。

4つ目は、**ポジションを与える**こと。肩書と言ってもいいでしょう。いいか悪いかは別にして、日本でも世界でも、ビジネスにおいては圧倒的に相手の肩書を見て仕事をする人が多いのが現実です。取引先の相手は、同じことを言われても、課長より部長に言われたほうが、重みがあると感じます。

肩書を与えられると、相手の態度が変わってきますから、本人のやる気のレベルも高くなりますし、より責任感を持って、仕事に取り組むようになります。

最後は、**報告をする仕組みを作っておく**ことです。だいたい半月ごとに進捗状況などの報告をするようにしておき、リーダーはすべてに目を通してきちんと返事を書くことです。

「任せる」「託す」ことで、部下はどんどん成長し、結果として、強い組織ができあがっていくのです。

35

腹をくくって部下や自分自身に責任を持つ

上からのプレッシャーに勝てる人でなければ、上司にはなれません。

プレッシャーに耐えられないと、手柄は自分のものにして、責任は全部部下に押し付けてしまいます。

そうではなく、**リーダーの基本は、責任を自分のものとして常にとらえること**です。

責任を持つからリーダーになるわけで、会社は、その部分に、リーダーとしての手当を払っているのです。リーダーであるなら、ある程度、責任を受け入れるようにしておきましょう。

私も責任だけは徹底的に持つようにしました。

ある時、原価のことがよくわからなくて、赤字になるような契約を、ある販売先と結んできてしまった部下がいました。極端にいえば、製造販売のコストが110円かかるのに、100円で販売していい、という契約をしてきてしまったのです。売れば売るほど赤字です。

もし、短期間だけ扱う目玉商品で、その間に他の商品を売り込んで、営業成績を上げるという戦略があるのなら別ですが、そうではありません。売上を増やすための商品でした。

決めてきたものは、仕方がないので、私が責任を取って、後処理をしました。

仕入先の業者さんに頭を下げて、少しずつ値段を下げてもらって、大赤字にならないようにしたのです。もちろん、あとでほかの商品で利益が出た時は、多く払う配慮をしました。同じ轍を踏まないように、その後、販売先との商品開発の打ち合わせには、仕入先の業者さんにも参加してもらうことにしました。

値段も含めて、その場でいろいろ決められるので、スピードが速いですし、あとになって、値段が合わない、ということも生じません。

責任を取り、こうした**仕組み作りをするまでが、リーダーの仕事**だと思います。

リーダーは、どんな時も部下を見ていなければなりません。

仕事はもちろん、顔色も含めて、きちんと部下を視野にいれておく。辛そうだったら声を掛けたり、相談をしてきたら、しっかりと聞くことです。

見守られていると思えば、部下は安心して仕事ができます。

また、あまりにも大きな失敗をした後などは、どうしても同じ部署にいづらくなります。

ひとりでも居心地の悪そうな部下がいると、部内は、なんとなくぎくしゃくした雰囲気に包まれてしまいます。その場合は、失敗した部下を、一度ほかの部署に異動させると、本人は気持ちを切り替えられます。

もしかしたら、新たな職場で自分の違う能力を発見できるかもしれません。どんな時にも、**部下を見捨てないと腹をくくり、どうすれば、本人にチャンスを与えられるかを考える。**それが上司としてのやさしさだと思います。

追い詰めて、部下をつぶすようなことは、絶対に避けなければなりません。

そして、プレッシャーを受け止める余裕を持つためには、何よりも、リーダー自身が健康でなければなりません。

36

強い組織を作りたいなら、
部下は、叱って叱って叱って、
最後は褒める

最近、「バカヤロー」と叱る大人が減っているように思います。

私は失敗した人には、しょっちゅう、会社で「バカヤロー」と叱っていました。

叱らないと本人はどのくらい失敗したのかわからないし、失敗した本人は、実のところ、叱ってほしいと思っているのです。


会社で何かを「やらかしてしまった」時、部下は心の中で、「失敗を知られたくない。叱られたらどうしよう」と、もやもや思っています。

見つかってしまい、叱られると、このもやもやがさっぱり取れるのです。

「叱られるかもしれない」と抱えていた気持ちが解放されるからです。

上司も、怒りを心の中で抱えているよりは、口に出してしまったほうが、すっきりします。「叱る」行為は、部下にとっても、上司にとっても、心を解放することにつながる行為なのです。

ただ、叱りっぱなしにしてはいけません。部下の気持ちが折れたままになってしまいます。

私は、**徹底的に叱り、最後に褒めます。**たとえば、

「今回は、失敗で、本当にダメだった。だけど、お前なりに一生懸命やったと思うよ。次、頑張れよ」と。

最後に褒めることで、部下の心に火種をともしてあげられます。火種があると、それを頼りに生きていけます。真っ暗のままでは、どこへも行けません。

また、人によっては、叱るとにらみつけてくるような部下もいます。叱られても自分が壊れないようにガードをかけているのです。その場合は、あまり叱りすぎないようにして、早めに褒めます。そうすると、ほっとして顔の表情が柔らかくなります。

叱られた際の感じ方は、１００人いたら１００人とも違います。ですから、**相手の顔を見ながら叱りましょう。叱り方も調整が必要です。**

共通しているのは、最後は褒めて終わりにすること。そして、失敗したことをあとあとまで根に持たないようにすることです。それが部下にとって立ち直るチャンスとなります。

赤城乳業では、挑戦したことによる失敗に対して、ペナルティで帳消しにする仕組みがあります。具体的な仕組みはこうです。

仕事で失敗をする
↓
管理会議で審議する
↓
目的は何であったか、何が原因だったかが議論される
↓
失敗の原因が過失であれば、数万円のペナルティが科せられる

ペナルティを払うことで、失敗は清算され、人事考課には反映されません。たとえば、『ガリガリ君』の弟分『シャリシャリ君』を考えた商品開発者は、ボーナスから3万円を払いました。一方で、結果が失敗であったとしても、「挑戦したこと」が人事考課で評価されることがあります。

上司や会社は、社員の失敗にのみ注目するのではなく、そこからやる気を引き出すことが大切であり、そのためにどのような仕組み作りをするかが問われていると思います。

37

人前で「自分の夢」を語れる上司が会社の成長を早める

中堅社員は、「(頭の)中が堅い」と書きます。部下と上層部の間に挟まれて、頭が堅くなりがちになります。

中堅社員の大事な役割のひとつは、部下の思いを上層部に伝えることです。しかし、世代間ギャップもあり、思いをそのまま伝えても、伝わりづらい。よく咀嚼(そしゃく)して伝える必要があります。

でも、頭を柔らかくしておかないと、部下の話を理解できずに、咀嚼することができません。**頭を柔らかくするためにいちばんいいのは、夢を持って部下に語ること**です。

少し青臭い部分がないと、夢を持てないものですが、逆に夢を持つことで、頭を若々しく柔軟に保つことができます。

夢を持っていると、目先のことにとらわれずに、ちょっと先の未来を見つめることができます。夢といっても、大きなものでなくてもかまいません。

「こんなことがやってみたいんだ」「今度はこんな商品を作ってみたいんだ」と、具体的に社内外で口に出していると情報も集まってきます。

私は商品開発部にいた頃、どんなフレーバーのアイスが作りたいか、よく口に出していました。たとえば、「田舎で草を刈った時に出る青っぽい匂いのアイス」とか、「とれたてのキュウリを2つに折った時の匂いのアイス」とか、**「新鮮なスイカを割った時に最初に出てくる甘い香りがするアイス」**とか、具体的に話をしていました。

そうすると、香料メーカーの方は、いろいろな情報を持ってきてくれますし、部下も「いいですね」と一緒にうなずいて共感してくれました。

新卒で赤城乳業に入社した時には、ひとつ、大きな夢を持っていました。**「会社を大きくする」**という夢です。今の若い方々は、安定志向で、公務員や大手企業を目指す人が多いようですが、私は違っていました。「鶏口と為るも牛後と為る勿れ」という中国の言葉がありますが、大きな会社に入って頑張るよりも、小さな会社に入って、微力ながら一生懸命働いて、「自分の成長とともに会社の成長を実感したい」と思っていたのです。

入社した1970年頃、赤城乳業は年商数十億円の会社でした。これを「年商500億円の規模の会社にする」という具体的な夢を持ちました。いっぺんに500億円にするのは無理ですから、最初は50億円、次は60億円と、手の届きそうな目標に区切って社員と一緒に達成していきました。当時は、ことあるごとに「500億円の会社にしたい」と夢を語っていました。そうはいっても、ときどき、「本当に達成できるのか」と不安になることがありました。バブルがはじけ、右肩上がりではなくなった頃です。

すると、上場している大手の香料メーカーの社員が、「鈴木さん、150億円を超えると世の中から信頼されて安定して伸びていきますよ。大丈夫」と教えてくれました。上場している企業であっても、150億円を目指していた時代があったのです。

その言葉が、大きなエールとなって私の中に響き、「よし、まずは150億円を目指そう」と当面の目標を定め、ぶれることなく仕事に没頭できました。たしかに150億円を達成すると、その後も自然と伸びていくのを感じました。赤城乳業の2015年の年商は400億円。大きいと思われた夢は、あともう少しで叶いそうです。

社員は会社の中で実現したい夢を持ち、中堅社員も自分の夢を持つ、そして、会社も夢を持つ。**この3つがひとつにつながると、みんなが情熱を持って、楽しく仕事に取り組めるし、強い会社になる**と思います。夢を実現するには、口に出して、人に語ること。そうすると、社内外の周囲の人たちが協力してくれますし、応援してくれる。特に社員の中には共感してくれる人が出てきて、「一緒に頑張ろう」となるのです。

38

感性を磨き育てることで、明確なビジョンが見えてくる

なかなか先のことは見えませんが、大きな夢に加え、「ビジョン」を持つことも大事です。3年ごとの3 Years Vision（スリーイヤーズビジョン）と、10年ごとの10 Years Vision（テンイヤーズビジョン）を持つ。

ぼんやりとでもいいからビジョンを持ち、仮説を立てることです。何をしたいかわからない上司や会社には人はついていきません。リーダーは、ビジョンを立てて、その仕事に向かっていくことが大切です。

ビジョンを立てておくと、みんなが、その達成をするためのやり方を知っているという状態になります。すると、仕事は速く進みます。

「未来のことはわからない」と言っているだけでは、前へ進めなくなってしまいます。今、目の前にある社会の仕組みを前提に、ビジョンを立てることです。社会の根底の仕組みが変わったら、その時代に合わせてビジョンも変えればいいのです。

ビジョンを持つために、リーダーは、時代を読む必要があります。

先ほどもお伝えしたように、未来は何が起こるかわかりません。

ですが、リーダーは部下たちの旗ふり役ですから、今の時代を読み、未来を予測して、どちらの方向に進むか、決めなければなりません。

今の時代を読むために、ひとつには、「今Twitterで、どの言葉がいちばんつぶやかれているか」など、SNS等の情報を調べる方法があります。

ただし、注意すべきは、**基本的にはSNSで流れている情報は、流行りものであり、流行りものは廃りものだ、**と覚えておくことです。

目先の流行りに飛びついた途端、時代が次の流行に移ってしまうこともある。今飛びついても時代遅れにならないかどうか、判断が難しいため、判断できる感性を培っておく必要があります。

そのためには、普段から、**「捨て目・捨て耳」**で、なんでもないことに目をとどめておくようにしましょう。いちばんいいのは外、つまり現場に行くことです。

アイスクリームの業界なら、売り場を見ることです。コンビニやスーパーに行って、どんなものが置かれているのか、あるいは置かれなくなったのかを見る。行くことで、目だけじゃなく、肌で感じることができます。

感覚器官には、視覚、聴覚、嗅覚、味覚、それから触覚があります。触覚は皮膚（＝肌）で感じます。人間の感覚器官の中でいちばん大きいのは肌。つまり、**多くの情報を感覚的に集めることができます。**

また、ドイツの人智学者ルドルフ・シュタイナーは、人間には5つの感覚に加えて、もう7つの感覚があると言っています。生命感覚、運動感覚、平衡感覚、熱感覚、言語感覚、思考感覚、自我感覚です。全部で12あることから「12感覚」と名付けています。

ここではそれぞれについて、詳しく説明はしませんが、興味のある人はシュタイナーの本を一読してみるといいでしょう。

リーダーはこうした感覚があることを知り、あらゆる感覚（＝感性）を磨く必要があります。**感覚の感度が高いほど、時代を読むことができる**からです。

人間そのものにしか感じられないところを大切にして、時代を読む感性を育てて、ビジョンを立ててほしいと思います。

39

会社は結果がすべて。
結果を出すために
リーダーがすべき8つのこと

仕事は結果がすべてです。

特にリーダーは、どこの部署であっても、結果を出すことが求められます。人事部だったら、少しでもいい人材を採用する。営業は利益を上げる。それぞれ最低限、自分の部門の数値目標は守らなければなりません。

特に、俯瞰して経営状況を見る目を持つことが求められます。

俯瞰して、経営状況を見るとはどういうことでしょうか。原価率を例にお話ししましょう。

今、どこの業界でも「原価率を下げろ、下げろ」と言われています。

原価50円の商品を1本100円で売ると50円の儲けになります。これが、100本売れたとすると、5000円の儲けです。原価を抑えて儲かったとしても、**これだけでは会社としてやっていけませんから、意味がありません。**

逆に原価99円の商品を1本100円で売って1円しか儲からない場合でも、1000万本売れたら、1000万円の儲けです。薄利多売です。

原価率というと、原材料費や燃料費、営業経費などに目が向きがちですが、工場を合理化して量産すると、工場からも利益が上がってきます。

工場の稼働率が上がって量産すると、人件費や減価償却費などの固定費の比率が下がっていくため、儲けが出てくるのです。

簡単にいえば、維持費が10万円かかる工場があるとします。単価100円のアイスを作る時に、原価の中に工場の維持費分10円を入れるとします。すると、1万本売れれば、工場の維持費分10万円をペイできます。1万本を超えた工場の維持費分はすべて利益となります。2万本売れると、工場からの利益が10万円上がることになります。

これは原価率の低下にもつながります。**利益を見る時にひとつの視点だけでなく、全体のトータルバランスで見ること**が求められているのです。

社長も求められるのは、結果です。会社を経営している以上、やはり黒字決算して、最終的に税金を納めなければいけません。ここは最後の項目になりますので、経営者が持つべき8つの心構えについてもふれていきます。

1つ目は、スピード決裁をすること。

特に大きな決裁は素早く決めること。つまり、大きい決裁は、常日頃から考えておき、結論を出しておくということです。「どうしますか」と聞かれて、考え始めるようでは、会社のことがわかっていないことになります。

2つ目は、方針を作り、それを曲げないこと。

一度方針を打ち出したら、すぐには変更してはいけません。商品をブランド化するには、10年はかかります。結果を出すためには、苦しくても「この商品だけは作り続ける」という曲げない方針を経営側は持つ必要があります。

3つ目は、部下を平等かつ公平に見ること。

世の中には平等と公平があります。

経営側としては、基礎給与を支払うなどの最低限のことは、全員平等にやるべきことです。就業規則に反して、ひとりだけ給与を支払わないなどということは決してしてはいけません。さまざまなチャンスも平等に与えるべきです。

ただし、評価は公平にすべきです。

いい商品を開発した時、営業の成績がいい時、その人に対しては褒めたり、払うべき報酬もプラスの部分があってしかるべきです。**成果を上げた人も、上げない人も、同じ評価にしてしまうと、成果を上げた人に対して不公平になります。**公平に評価をしなければ、やる気をなくす人が出てきて、会社はうまく回らなくなります。

4つ目は、人を育て、学べる環境を作ること。

社員が成長することで会社は成長します。赤城乳業では、年間3000万円の教育費を用意し、さまざまな研修を受講できます。また、社内には、**「赤城社会大学」**を作り、階層別の研修も行っています。社員にこそ、しっかりとした教育を受けさせるべきです。

5つ目は、会社の業績がよくても悪くても、明るくふるまうこと。

上司や経営者が苦虫を噛みつぶしたような顔をしていては、社員も仕事へのやる気がなくなります。赤城乳業では、毎月1週間、社長や管理職が、朝6時45分から門に立ち、出勤する社員を迎えて、朝のあいさつをしています。社員も元気な社長の姿を見れば、頑張れます。

6つ目は、将来のあるべき姿の夢を語ること。

夢を持ち、社員と共有することが求められています。

7つ目は、直観力を養うこと。

社長に必要なのは、直観力です。 先のことは本当にわかりませんが、いろいろなことを考えると、勘が当たるようになります。経営者は先がある程度は読めないと務まらないので、普段から直観力を養っておくべきでしょう。直観力は、さまざまな人と話をしたり、情報を集めていく中で培われていくと思います。

8つ目は、帰れる場所を持っておくこと。

経営者も結局は自分との戦いになります。苦しい時に、帰れるようなリラックスできる場所、**心のふるさとを持っていると、心が穏やかになり、長く経営に携わっていける**でしょう。

最後までお読みいただき、
ありがとうございました！

おわりに

『ガリガリ君』は、発売してすぐに大ヒット商品になったわけではありません。あの手この手で道筋を作り、売上が順調になるまでに10年かかりました。

たくさんの子どもたちに買っていただけるようになってからも、気を抜かず、少しずつ改良し続け、ようやくロングセラーといわれる商品になりました。ここに来るまで35年。長いようで、あっという間でした。


私は赤城乳業に入社して46年経ちますから、多くの時間を『ガリガリ君』と共に歩んできたことになります。

『ガリガリ君』がロングセラーといわれるようになり、ありがたいことに、いろいろな方から「ヒットのコツ」を聞かせてほしいと頼まれるようになりました。

私も、人生の諸先輩や取引先の方々、仲間、書物から、いろいろなことを教えてもらい、人生の糧としてきました。

「その恩返しが社会にできるなら」と、さまざまな場でお話をする機会をいただくようになりました。

振り返れば、『ガリガリ君』が誕生する前も、誕生してからも、多くの失敗があり、挫折がありました。

本書では、働くすべての方に、仕事に就く前の高校生や大学生たちに、勇気を持っていただきたいと考え、失敗も、成功のコツも、包み隠さず、オープンに綴ってきました。『ガリガリ君』が、みなさんを笑顔にしているように、本書が少しでも多くの方の元気の素になれば幸いです。


最後に、本書で綴ってきた「ヒット商品を作るポイント」と、私が商品開発者として、ビジネスパーソンとして、ずっと大事にしてきた「社会人の心構え」をまとめたいと思います。


ヒット商品を作るポイントは次の4つです。

1つ目は、「過去を否定すること」です。『ガリガリ君』の開発は、赤城乳業の看板商品だったいちご味の氷菓『赤城しぐれ』を全否定することから始まりました。

2つ目は、「お客様の声を聞くこと」。『ガリガリ君』の売上が低迷していた頃、お客様の声を聞いて商品の改良に務めました。これにより、売上がぐーんと伸びたのです。

3つ目は、「お客様を驚かせること」です。『ガリガリ君』の場合は、「でかい、うまい、安い、当たり付」がコンセプトでした。「え、こんなに大きいの?」「しかも、安い!」「当たりまで付いているの?」とお客様が驚くようなメリットをわかりやすく商品に表します。そうすれば、ほかの商品と『ガリガリ君』が並んでいた時に、「得だから、こっちを買おう」と選んでもらえます。

4つ目は、「わかりやすいネーミングにすることです。私は基本的に7文字以下のネーミングがいいと思っています。『ガリガリ君』は5文字（6音）。『ガツン、とみかん』は7文字です。短くしたほうが、口コミしやすくなります。


私が約半世紀をかけて学び、社会人の心構えとして本当に大切だと思うのは次の3つです。

1つ目は、「夢を持つこと」です。「If you can dream it, you can do it.」。これは絶対に

必要だと思います。夢を持ちさえすれば、叶えられます。どんな時も、自分自身を信じて見捨てない。覚悟を決め、夢に向かって歩いてください。夢は力を与えてくれます。

2つ目は、「禍福は糾える縄の如し」ということ。

仕事をしていると、いつも日が当たるばかりではありません。むしろ、日の当たらない時のほうが長い。でも、いつか必ず自分も光が当たる日が来ると信じてめげないことです。そして、調子のいい時は、「勝って兜の緒を締めよ」で、決しておごらず、油断しないこと。いい時こそ、時間をかけて問題点を見つけ、修正するチャンスです。

3つ目は、「挑戦しなければ、何も成し遂げられない」ということです。故ケネディ元米大統領がもっとも尊敬する日本人として挙げた上杉鷹山の有名な言葉がありますね。「為せば成る為さねば成らぬ何事も　成らぬは人の為さぬなりけり」。

できないのは、やらないからかもしれません。

どうか、チャレンジする精神を忘れないでください。

本書では仕事、特に商品開発について、多くを記してきましたが、私ひとりでは何も成し遂げることはできなかっただろうと思っています。第3章でも述べましたが、「仕事は総力戦」です。本当にいろいろな方々の助けがあったからこそ、ヒット商品が生まれ、今の自分がいます。

この場を借りて、仕事でお世話になった人たちに謝辞を述べたいと思います。

赤城乳業の井上孝二相談役は、営業部をソリューション営業へと導き、近代化に注力され、また、社内報『ガリプレス』などの発行により会社に品位をもたらしてくださいました。高橋勲様、本多定夫監査役、古市和夫専務には、CVSのスピード対応にご協力いただき、会社の近代化に全面的にご協力いただきました。みなさんがいなかったら、私の仕事は成立していませんでした。心から感謝申し上げます。ありがとうございました。

また、私のあとをついで『ガリガリ君』ブランドを手掛け、『ガリガリ君』の本格的なマーケティングを展開し、マーケットに対して的確にメッセージを発信してくれているマーケティング部の萩原史雄部長、あなたがいなかったら、『ガリガリ君』はここまで成長していなかったと思う。ありがとう。

さらに、私に講演と本書の出版の機会を与えてくださった株式会社ペルソンの渡邊陽一社長に感謝いたします。異分野の方々や高校生のみなさんの前で話をしたり、本を書くことで、私は自分の知らなかった「新しい自分」と出会うことができ、最高にワクワクしています。本当にありがとうございました。

そして、亡き母に感謝したいと思います。

子どもの頃、母はいつもある言葉を私に言って聞かせました。

『論語』からの言葉だと思いますが、私は、「何かが起きた時に、他人のせいにするのではなく、まずは自分の行いがどうだったか、反省しなさい」と自分なりに解釈をしていました。その言葉はまさに私の仕事の原点といえます。いつもその言葉が頭をよぎるから、いろいろなことを深く考えるようになったのだと思うのです。最後に、その言葉をみなさんにお送りしたいと思います。

「われ日にわが身を三省(さんせい)す」

みなさんもどうか、人生で「考える」ことを忘れないようにしてください。

本書を手に取ってくださったみなさんのご活躍を心からお祈りしたいと思います。

鈴木政次

●主な参考文献

・『ガリガリ君が教える！　赤城乳業のすごい仕事術』（遠藤功著　ＰＨＰ研究所）
・『言える化―「ガリガリ君」の赤城乳業が躍進する秘密』（遠藤功著　潮出版社）
・『世の中への扉　ヒット商品研究所へようこそ！「ガリガリ君」「瞬足」「青い鳥文庫」はこうして作られる』（こうやまのりお著　講談社）

●主な参考サイト

・「講演依頼.com」 https://www.kouenirai.com/
・「毎日新聞」 http://mainichi.jp/
・「大阪商業大学」 http://ouc.daishodai.ac.jp/

PROFILE

鈴木政次（すずき　まさつぐ）

1946年茨城県出身。

1970年東京農業大学卒業後、赤城乳業株式会社に入社。

１年目から商品開発部に配属される。

その後、一貫して商品開発にたずさわり、愛すべき失敗作を生み出しながらも、「ガリガリ君」、「ガツン、とみかん」、「ワッフルコーン」、「BLACK」など、数々のヒット商品を生み出し、国民的ロングセラーに育て上げた。

STAFF
- タイトル：菅　賢治（BRAIN BROTHERS GAASU ENTERTAINMENT）
- 装丁：小口翔平＋三森健太（tobufune）
- 本文デザイン：斎藤　充（クロロス）
- 構成：藤吉　豊＋小川真理子（クロロス）
- マネジメント：土橋昇平（ペルソン）
- 制作：渡邉陽一（ペルソン）
- 校正：玄冬書林
- 編集：内田克弥（ワニブックス）

- 協力：赤城乳業株式会社

スーさんの「ガリガリ君」ヒット術

著者　　　　鈴木政次
2016年8月1日　初版発行

発行者　　　横内正昭
編集人　　　青柳有紀
発行所　　　株式会社ワニブックス
〒150-8482
東京都渋谷区恵比寿4-4-9　えびす大黒ビル
電話　03-5449-2711(代表)　03-5449-2716(編集部)

ワニブックスHP　　http://www.wani.co.jp/
WANI BOOKOUT　　http://www.wanibookout.com/
印刷所　　　株式会社美松堂
製本所　　　ナショナル製本

定価はカバーに表示してあります。

落丁本・乱丁本は小社管理部宛にお送りください。送料は小社負担にてお取替えいたします。

ただし、古書店等で購入したものに関してはお取替えできません。

ISBN 978-4-8470-9475-0